改訂版

高校

化学

船登惟希

Gakken

はじめに

～無機化学ってこんなに楽しく覚えられるんだ！と思ってもらうために～

本書を手にとっていただき，ありがとうございます。

◆ 暗記ばかりでうんざりしていませんか？

「無機化学は，暗記ばかりでつまらない」と思っている人も少なくないと思います。
たしかに，無機化学は，単純暗記が多いです。
受験生時代，私もとても苦労をしました。
色，におい，化学的な性質，化学反応式……などなど，
覚えることがうんざりするほどありますからね。

◆ 本書のコンセプト

「なんとか覚える苦労を軽減させたい」，「効率よく覚えられる参考書にしたい」と考え，
本書には次のような特長を持たせました。

- 元素をキャラ化することで，単純暗記をしなくてはいけないものも，
  イメージしやすくしてあります。
- 暗記すべき事項の裏に潜むメカニズムもキャラクターを使ってやさしく解説し，
  単純暗記をなるべく避けています。
- 右ページに絵やイメージがまとまっているので，
  色や性質を視覚的に覚えることができます。
- 大事なポイントは「Point!」にまとめました。

◆ 無機化学に挑むすべての受験生に有用な参考書

以上のようなコンセプトを持った本書は，
「わかりやすく，楽しんで覚えられる，今までにない参考書になった」
という手ごたえがあります。
はじめて無機化学に取り組む人が使いやすい本であるのはもちろんのこと，
ひと通り学んだけど，覚えきれていない人には，スラスラと覚えられるきっかけを与えられる本でもあります。
もし，無機化学でつまずいている友人，後輩を見かけたら，ぜひ薦めてあげてください。

**それでは，ハカセやカガックマ，そして新しい仲間のニャンタローと一緒に，
無機化学について勉強していきましょう！**

本書の特長と使いかた

■ 左が説明，右が図解の使いやすい見開き構成

本書は左ページがたとえ話を多用したわかりやすい解説，右ページがイラストを使った図解となっており，初学者の人も読みやすく勉強しやすい構成になっています。

左ページを読んでから右ページの図解に目を通すもよし，まず右ページをながめてから左ページの解説を読むもよし，ご自身の勉強しやすいように自由にお使いください。

■ 別冊の問題集と章末のチェックで実力がつく！

本冊はところどころに別冊の確認問題への誘導がついています。そこまで読んで得た知識を，実際に自分で使えるかどうかを試してみましょう。確認問題の中には難しい問題も入っています。最初は解けなかったとしても，時間をおいて再度挑戦し，すべての問題を解ける力をつけるようにしてください。

章末の「ハカセの宇宙一キビしいチェック」は，その章に学んだ大事なことのチェック事項です。よくわからないところがあれば，該当箇所を読み直してみましょう。

■ 東大生が書いた，化学受験生に必要なエッセンスが満載の本格派

本書にはユルいキャラクターが描かれており，一見したところ，あまり本格的な参考書には見えないかもしれません。

しかし，受験化学において重要な要素はしっかりとまとめてあり，他の参考書では教えてくれないような目からウロコの考えかたや解法も掲載されています。

侮るなかれ，東大生が自分の学習法を体現した本格派の無機化学の参考書なのです。

■ 楽しんで化学を勉強してください

上記の通り，実は本格派である無機化学の参考書をなぜこんな体裁にしたのかというと，読者のみなさんに楽しんで勉強をしてもらいたいからです。「勉強はつらく面倒なもの」というのは，たしかにそうなのですが，「少しでも勉強の苦労を軽減させ，みなさんに楽しんでもらえるように」という著者と編集部の想いで本書は作られました。

みなさんがハカセとクマ，そしてニャンタローの掛けあいを楽しみながら，化学の力をつけていけることを願っております。

前回までのあらすじ

ぱーんぱーん ぱぱぱぱーんぱーん♬

とある星に住むハカセは、宇宙に存在するあらゆる知識を整理し、まとめ、わかりやすく解説することを研究テーマとしていた。

「ハカセはさまざまな星に出掛けては、その星の中で多くの人が「ニガテ」と感じる学問を、解説書にまとめていた。ハカセのまとめた解説書は「宇宙一わかりやすい」と、全宇宙で大変有名であった。

新しい「ニガテ」を探していたハカセが見つけたのは「地球」の「理論化学」。ハカセは宇宙出版社のタントウに助手をつけるように頼んだ。そしてやってきたのは怠け者のクマであった。

クマとハカセは宇宙船に乗り込み地球へ向かう。そして、理論化学をわかりやすくまとめあげ、最初は何もわからなかったクマも立派な「カガックマ」となった。ハカセはご褒美にクマの好物のドーナツを大量に与えた。そして星へ帰ろうとするとそこには巨大化したクマの姿が…。クマは大量にものを食べると巨大化する特異体質なのであった。

そのまま宇宙船に乗り込んだクマとハカセ。しかしクマの体重は宇宙船の積載量をオーバーしており、哀れクマとハカセは地球のどこかへと墜落してしまったのであった…………。

ぱぱぱぱーんぱん♬ ぱぱぱぱーん♬

村はずれに
空から乗り物が
落ちてきて…
そこにあなたが
倒れていたの
です…
どうぞ
助けて
くれたのか…
おワシの帽子！
クマめ…
あいつのせいで
星に帰れんではないか
ドーン
ありがたい…
して…
クマは
どこだ？
宇宙船は
どうなった？
はっ
うちの
ダンナが見てみたけど
本体はもう粉々…
でも通信機なら動きそうだって
いってましたヨ
おっ
これは動きそうだ
うちのダンナは
機械が専門だから
直してもらったら？
ありがたい！
ダンナさんは
どこに？
ダンナは今
クマ鍋の用意を
してるの
もうすぐゴハンに
しましょうね
クマ鍋…？
ハッ…
まさか

ハカセー！
助けてー!!
クマー!?
あら？
そうでしたか
ちょっと待った！
このクマは
わしの助手なんじゃ
ちゃぷ
あわ
あわ
どうも
失礼しました
ハカセー！
よしよし
あぶられて
縮んじゃった〜
ん？
おまえ…サイズが
もとに戻ったな
ああ…
猫が話をしていて
驚かれましたか？
して…
ここは地球のはず
じゃが…
キミたちは一体？
プロフェッショナル
猫…!?
ここは地球の隠れ里…
プロフェッショナル猫の
暮らすネコ村なのです

地球には忙しいときに
「猫の手も借りたい」という
言葉があるのですが…
ここにはいろいろなジャンル
政治、法律、経営や医学…
有能な猫がたくさんいます
人間が困ったときに
そっと手を貸す
プロフェッショナル猫…
それが我々なのです
なのニャー!
父さんは
機械系統の
専門家なのニャ!
この壊れた
宇宙船の通信機も
直せるんニャ!
えっへん!
フーン
キミは?
何のプロ?
ああ…
この子は
ニャ
この子は医薬品作りの
プロフェッショナルに
育てたいのですが…
ニャンタローは
無機化学が苦手で…
あんニャの
よくわかんニャい!
キライニャ!!
ニガテ?
ニガテとな!?
ぐわっ
わっ
ニャッ

わしは人々がニガテとするものを宇宙一わかりやすくまとめるプロフェッショナルなのじゃ！
うちの先生の本ですどうぞー
ほぅ
ほえ～
ご主人！あなたが通信機を直している間わたしがニャンタローくんのニガテを克服させましょう！
おお！本当ですか？
えっ
え～～せっかく父さんが通信機を直してる間は遊び放題だと思ったのにニャ～
ついでにわしは地球の無機化学のニガテをわかりやすくまとめるぞ！
クマ！手伝うんじゃ
えっ
またっ
新たな本づくりじゃ！
え～ボクもやるの？こいつがやればいいじゃ～ん
こ…こいつ？
カチン

というわけでハカセとクマは再び地球で
「宇宙一わかりやすい　無機化学」に取り組むことになったのでした…

はたして…2人は無機化学を宇宙一わかりやすくまとめあげ
自分たちの星に帰れるのでしょうか…

もくじ

ハカセ…
実は無機化学を
教えるときの
秘密兵器があるんです
ほほう
秘密兵器
とな!?

Chapter 9 アルカリ土類金属 …………………… 195

Chapter 10 両性元素 …………………… 213

Chapter 11 遷移元素 …………………… 237

使わせてもらいますぞぃ
宇宙一わかりやすく
解説するんじゃ!!
も…
燃えていますな
おやつとシャケも
お渡しして
おきますね
たじたじ
たまにあの子たちに
あげてください

Chapter

1

周期表

Chapter 1 周期表

はじめに

化学の教科書や資料集を開くと，見開きでよく見かける「周期表」。

きれいに色分けされたりはしているけど，
「なんだかごちゃごちゃしていてよくわからない！」
そういって，読み飛ばしている人も多いはず。

しかし，この周期表，**「日本地図」と同じようなもの**だと思ってください。
日本地図は，県や地域で色分けがされていますし，
北や南に行くにつれて気候も変わります。

周期表も同じく，**元素群を区切ったり，**
左下や右上にいくにつれての傾向もあります。
この「日本地図」というイメージをもって，周期表を読み解いてみましょう。

この章で勉強すること

典型元素と遷移(せんい)元素，金属元素と非金属元素など，元素群の区切りかたを学び，
次に，「周期表の左下の元素ほど○○」などの性質の傾向を，
周期表を用いて解説していきます。

周期＼族	1	2	3	4	5	6	7	8	9	10	11	12	13	14	15	16	17	18
1	$_{1}$H																	
2	$_{3}$Li	$_{4}$Be											$_{5}$B	$_{6}$C	$_{7}$N	$_{8}$O	$_{9}$F	
3	$_{11}$Na	$_{12}$Mg											$_{13}$Al	$_{14}$Si	$_{15}$P	$_{16}$S	$_{17}$Cl	$_{18}$Ar
4	$_{19}$K	$_{20}$Ca	$_{21}$Sc	$_{22}$Ti	$_{23}$V	$_{24}$Cr	$_{25}$Mn	$_{26}$Fe	$_{27}$Co	$_{28}$Ni	$_{29}$Cu	$_{30}$Zn	$_{31}$Ga	$_{32}$Ge	$_{33}$As	$_{34}$Se	$_{35}$Br	$_{36}$Kr
5	$_{37}$Rb	$_{38}$Sr	$_{39}$Y	$_{40}$Zr	$_{41}$Nb	$_{42}$Mo	$_{43}$Tc	$_{44}$Ru	$_{45}$Rh	$_{46}$Pd	$_{47}$Ag	$_{48}$Cd	$_{49}$In	$_{50}$Sn	$_{51}$Sb	$_{52}$Te	$_{53}$I	$_{54}$Xe
6	$_{55}$Cs	$_{56}$Ba	ランタノイド	$_{72}$Hf	$_{73}$Ta	$_{74}$W	$_{75}$Re	$_{76}$Os	$_{77}$Ir	$_{78}$Pt	$_{79}$Au	$_{80}$Hg	$_{81}$Tl	$_{82}$Pb	$_{83}$Bi	$_{84}$Po	$_{85}$At	$_{86}$Rn
7	$_{87}$Fr	$_{88}$Ra	アクチノイド	$_{104}$Rf	$_{105}$Db	$_{106}$Sg	$_{107}$Bh	$_{108}$Hs	$_{109}$Mt	$_{110}$Ds	$_{111}$Rg	$_{112}$Cn	$_{113}$Nh	$_{114}$Fl	$_{115}$Mc	$_{116}$Lv	$_{117}$Ts	$_{118}$Og

周期＼族	1	2	3	4	5	6	7	8	9	10	11	12	13	14	15	16	17	18
1	$_{1}$H																	
2	$_{3}$Li	$_{4}$Be											$_{5}$B	$_{6}$C	$_{7}$N	$_{8}$O	$_{9}$F	
3	$_{11}$Na	$_{12}$Mg											$_{13}$Al	$_{14}$Si	$_{15}$P	$_{16}$S	$_{17}$Cl	$_{18}$Ar
4	$_{19}$K	$_{20}$Ca	$_{21}$Sc	$_{22}$Ti	$_{23}$V	$_{24}$Cr	$_{25}$Mn	$_{26}$Fe	$_{27}$Co	$_{28}$Ni	$_{29}$Cu	$_{30}$Zn	$_{31}$Ga	$_{32}$Ge	$_{33}$As	$_{34}$Se	$_{35}$Br	$_{36}$Kr
5	$_{37}$Rb	$_{38}$Sr	$_{39}$Y	$_{40}$Zr	$_{41}$Nb	$_{42}$Mo	$_{43}$Tc	$_{44}$Ru	$_{45}$Rh	$_{46}$Pd	$_{47}$Ag	$_{48}$Cd	$_{49}$In	$_{50}$Sn	$_{51}$Sb	$_{52}$Te	$_{53}$I	$_{54}$Xe
6	$_{55}$Cs	$_{56}$Ba	ランタノイド	$_{72}$Hf	$_{73}$Ta	$_{74}$W	$_{75}$Re	$_{76}$Os	$_{77}$Ir	$_{78}$Pt	$_{79}$Au	$_{80}$Hg	$_{81}$Tl	$_{82}$Pb	$_{83}$Bi	$_{84}$Po	$_{85}$At	$_{86}$Rn
7	$_{87}$Fr	$_{88}$Ra	アクチノイド	$_{104}$Rf	$_{105}$Db	$_{106}$Sg	$_{107}$Bh	$_{108}$Hs	$_{109}$Mt	$_{110}$Ds	$_{111}$Rg	$_{112}$Cn	$_{113}$Nh	$_{114}$Fl	$_{115}$Mc	$_{116}$Lv	$_{117}$Ts	$_{118}$Og

1-1 周期表（その1）

ココをおさえよう！

元素を原子番号の順に並べると，似た性質が周期的に現れる。

まず，元素を原子番号の順に並べてみます。
すると，似たような性質が8つごとに繰り返し現れることが知られています。
（途中の元素を除いていますが，これについては後ほどお話しします）

このような周期性を，元素の**周期律**といいます。

周期的に現れる性質には，化学的性質，イオン化エネルギー，電子親和力，単体の沸点・融点，原子の半径などがあります。

これは理論化学の復習になりますが，
原子番号とは「原子中に含まれる陽子の数」と同じでしたね。
または，**「原子中に含まれる電子の数」とも同じ**です※。
（イオン化していない原子の場合）

※ 『宇宙一わかりやすい高校化学　理論化学　改訂版』p.36参照。

元素を原子番号の順に並べると……

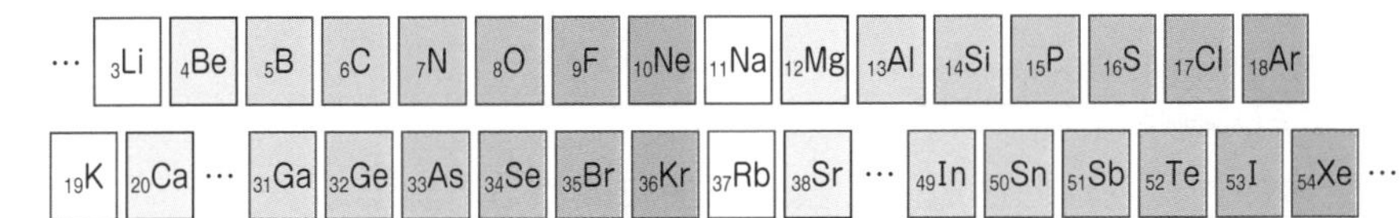

似た性質が8つごとに繰り返し現れる ⇒元素の**周期律**

例えば，
LiとNaとKとRb
の性質が似てるって
ことだニャ

周期的に現れる性質：
化学的性質，イオン化エネルギー，
電子親和力，単体の沸点・融点，
原子の半径
など

原子番号＝陽子の数＝電子の数

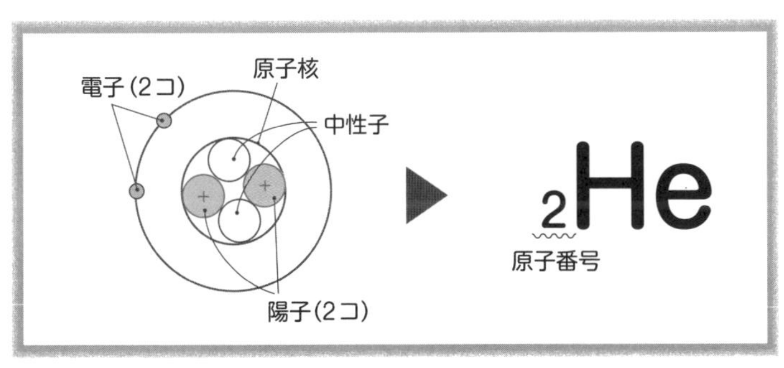

1-2 周期表（その2）

ココをおさえよう！

元素の性質には，価電子の数が密接に関わっている！

なぜ元素には，性質に周期性があるかというと，
周期性のある**価電子の数によって，性質も決まるから**です。
（価電子の数は，7の次は，8にならず0に戻ります）

これも理論化学の復習になりますが，
価電子の数とは，いちばん外側の電子殻（最外殻）にある電子の数のことでした。
ただし，**貴ガス（希ガス）は**イオン化（電子を失ったり受け取ったり）することがほとんどないので，**価電子の数は0**とします。

では，なぜ価電子の数が決まると性質も決まるのでしょうか？

それは，**化学変化というのは，原子どうしが衝突してその組合せが変化すること**なので，**原子の表面の状態（価電子の数）がどのようになっているか**が，その原子の化学的性質に関係しているからです。

まるで，おいしい果物は表面を見ただけでわかるのに似ていますね。
虫に食べられている果物ほど，おいしいですから。

Q. なぜ周期律があるのだろう？

… $_{3}$Li $_{4}$Be $_{5}$B $_{6}$C $_{7}$N $_{8}$O $_{9}$F $_{10}$Ne $_{11}$Na $_{12}$Mg $_{13}$Al $_{14}$Si $_{15}$P $_{16}$S $_{17}$Cl $_{18}$Ar …

A. 価電子の数によって，その元素の性質も決まるから。

（周期性あり）

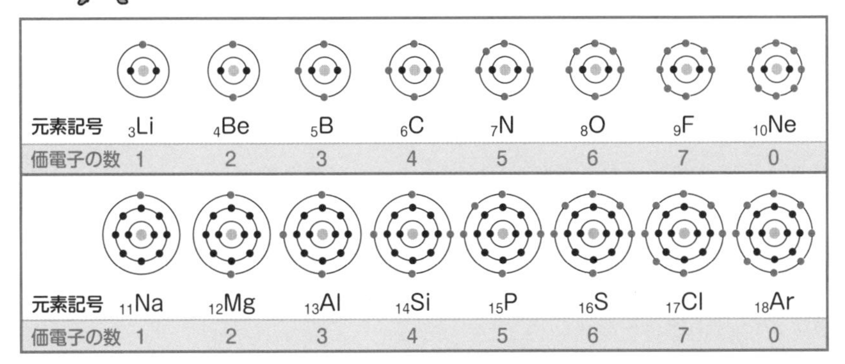

元素記号	$_{3}$Li	$_{4}$Be	$_{5}$B	$_{6}$C	$_{7}$N	$_{8}$O	$_{9}$F	$_{10}$Ne
価電子の数	1	2	3	4	5	6	7	0

元素記号	$_{11}$Na	$_{12}$Mg	$_{13}$Al	$_{14}$Si	$_{15}$P	$_{16}$S	$_{17}$Cl	$_{18}$Ar
価電子の数	1	2	3	4	5	6	7	0

化学変化…

化学変化は，原子どうしの衝突で起きるものだから，表面の状態（価電子の数）でその性質が決まる。

1-3 周期表（その3）

ココをおさえよう！

似た性質の元素を縦に並べたものが周期表。

さて，このように元素を
① 原子番号の順に並べたものを1周期ごとに切り，
② 似た性質の元素を縦に並べます。
③ ここに，少し手を加えると※，周期表の完成です。
（※1-4でくわしくお話しします）

つまり，**縦の列に並ぶ元素どうしは似たような性質を示す**のです。

この周期表の縦の列を**族**といい，同じ族に属する元素群を**同族元素**と呼びます。

族は，1～18族まであり，
Hを除く1族元素を**アルカリ金属**，
2族元素を**アルカリ土類金属**（Be，Mgはアルカリ土類金属に含めない場合があります），
17族元素を**ハロゲン**，
18族元素を**貴ガス**（**希ガス**）といいます。
（それぞれの性質については，後ほど解説していきますよ～）

このように，**同族元素で周期表を区切る**というのが，
「周期表の区切りかたパターン1」です。

日本地図に例えると，似た方言の地方で地域を区切るというのに似ています。

一方，横の列は**周期**といい，1～7周期まであります。

① 原子番号の順に並べたものを1周期ごとで切り……。

… ${}_{3}$Li ${}_{4}$Be ${}_{5}$B ${}_{6}$C ${}_{7}$N ${}_{8}$O ${}_{9}$F ${}_{10}$Ne ┆ ${}_{11}$Na ${}_{12}$Mg ${}_{13}$Al ${}_{14}$Si ${}_{15}$P ${}_{16}$S ${}_{17}$Cl ${}_{18}$Ar

1

② 似た性質の元素が縦にくるように並べる。

③ 少し手を加えて周期表の完成！

周期＼族	1	2	3	4	5	6	7	8	9	10	11	12	13	14	15	16	17	18
1	H																	He
2	Li	Be											B	C	N	O	F	Ne
3	Na	Mg											Al	Si	P	S	Cl	Ar
4	K	Ca											Ga	Ge	As	Se	Br	Kr
5	Rb	Sr											In	Sn	Sb	Te	I	Xe
6	Cs	Ba											Tl	Pb	Bi	Po	At	Rn
7	Fr	Ra											Nh	Fl	Mc	Lv	Ts	Og

点線部分は
次ページで
説明するぞい

区切りかたパターン1
同族元素で区切る ＞＞＞＞＞＞＞＞＞ イメージ 似た方言を持つ地域で区切る

周期＼族	1	2	3	4	5	6	7	8	9	10	11	12	13	14	15	16	17	18
1	H																	He
2	Li	Be															F	Ne
3	Na	Mg															Cl	Ar
4	K	Ca															Br	Kr
5	Rb	Sr															I	Xe
6	Cs	Ba															At	Rn
7	Fr	Ra															Ts	Og

1族：アルカリ金属　2族：アルカリ土類金属　17族：ハロゲン　18族：貴ガス

同じ族の元素 ＝ 同族元素
（性質の似ている元素）

ここまでやったら
別冊 P.1へ

1-4　典型元素と遷移元素

ココをおさえよう！

3～12族の元素を遷移(せんい)元素，その他を典型元素という。

先ほど，「元素を横に並べると周期的によく似た性質が現れる」といいましたが，実は，原子番号が21以降では，この周期性を持たない元素群も現れます。
その元素群は，**3～12族**であることがわかっています。

この**3～12族の元素群を遷移元素といいます**（12族の元素は遷移元素に含める場合と含めない場合があります）。
（p.22で「少し手を加える」といっていたのは，この部分です）

なぜ周期性がないかというと，**遷移元素は価電子の数が変わらないため，結果として性質も似通ったものになる**からです。

遷移元素では，原子番号が増しても，最外殻の電子の数は増加せず，内側の電子殻の電子の数が増加するため，価電子の数が変化しないのです。

一方，**1族，2族，13～18族の元素を典型元素といいます**。

先ほどいったように，同じ周期の典型元素は，原子番号が増えるにしたがって価電子の数が増加するので，性質は異なったものになります。
そして，性質には周期性があるので，同族元素の性質はよく似たものになるのでしたね。

この，**典型元素と遷移元素に分ける**のが，「周期表の区切りかたパターン2」です。

日本地図に例えると，「関東甲信越地方」と「その他の地域」に分けるのに似ていますね。

しかし，似た性質が周期的に現れない元素群もある。

遷移元素（3〜12族）

	3	4	5	6	7	8	9	10	11	12
	Sc	Ti	V	Cr	Mn	Fe	Co	Ni	Cu	Zn
価電子の数…	2	2	2	1	2	2	2	2	1	2
	Y	Zr	Nb	Mo	Tc	Ru	Rh	Pd	Ag	Cd
価電子の数…	2	2	1	1	2	1	1	2	1	2
	ランタノイド	Hf	Ta	W	Re	Os	Ir	Pt	Au	Hg
価電子の数…	2	2	2	2	2	2	2	1	1	2

遷移元素：
（3〜12族）

Sc　Ti　V　Cr　Mn　Fe　Co　Ni　Cu　Zn

（表面の状態（価電子の数）がほとんど同じで性質が似ている）

典型元素：
（1〜2，13〜18族）

（原子番号が増えると価電子の数も増えるため，それぞれの性質が異なる）

区切りかたパターン2

遷移元素と典型元素

イメージ

関東甲信越地方と
その他で分ける

周期＼族	1	2	3〜12	13	14	15	16	17	18
1	H								He
2	Li	Be		B	C	N	O	F	Ne
3	Na	Mg		Al	Si	P	S	Cl	Ar
4	K	Ca	遷移元素	Ga	Ge	As	Se	Br	Kr
5	Rb	Sr	遷移元素	In	Sn	Sb	Te	I	Xe
6	Cs	Ba	遷移元素	Tl	Pb	Bi	Po	At	Rn
7	Fr	Ra	遷移元素	Nh	Fl	Mc	Lv	Ts	Og

典型元素（1〜2族，13〜18族）

1-5 金属元素と非金属元素（その1）

ココをおさえよう！

非金属元素は沖縄＆北海道。金属元素はそれ以外。

今度は周期表を，**金属元素**と**非金属元素**で分けてみましょう。
これが「周期表の区切りかたパターン3」です。

金属元素というのは，**電気や熱をよく導く**など，いわゆる金属の性質を持った元素のことです。
金属元素とは，**BとAlの間から斜め右下に分けた**ときの，左側の元素群を指します。
（ただし，水素元素Hは，金属としての性質を持たないので，金属元素からは除かれます）

日本地図に例えると，沖縄＆北海道と，それ以外の県を分けるのに似ていますね。
（水素元素Hが，沖縄にあたると考えてください）

また，**金属元素は陽イオンになりやすく，**
左下に位置する元素ほど陽性が強いという性質があります。
陽性というのは，電子を放出して陽イオンになる性質のことをいいます。
つまり，**周期表の左下にいくほど電子を放出しやすい**性質があるということです。

周期表の左下の元素ほど陽イオンになりやすい理由
周期表の左の元素ほど，電子（−）を引きつける陽子（＋）の数が少なくなり，より電子を放出しやすく，陽イオンになりやすいのです。
また，周期表の下の元素ほど，最外殻電子の内側に他の電子が存在するようになるので，電子を引きつける力が弱くなり，より電子を放出しやすくなっているのです。

これは，日本地図の左下（南）に行くほど気温が高くなり，
服（電子）を脱ぎやすく（放出しやすく）なるイメージですね。

金属元素 … 単体が電気や熱をよく導くなど，いわゆる金属の性質を持った元素のこと。

区切りかたパターン3

非金属元素と金属元素

イメージ

沖縄＆北海道とそれ以外

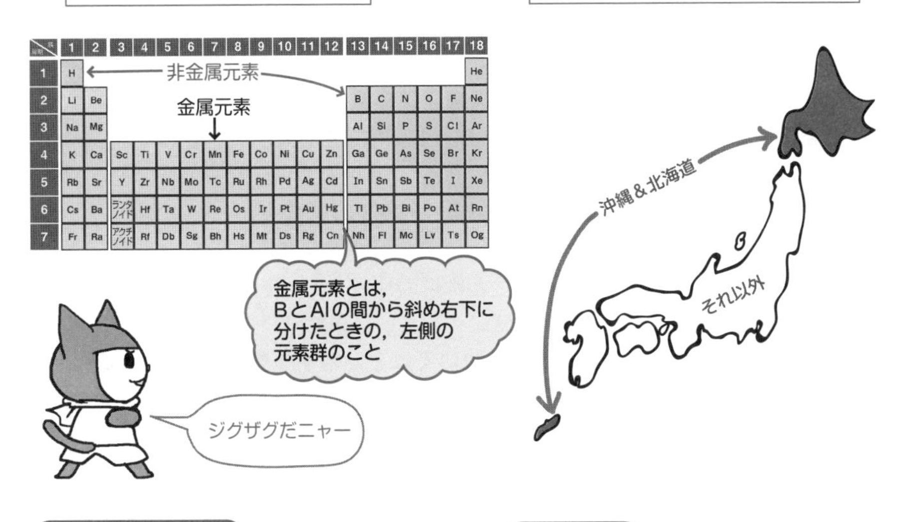

金属元素の傾向

左下の元素ほど，陽性が強く電子を放出しやすい

イメージ

南に行くほど暑く，服を脱ぎやすい

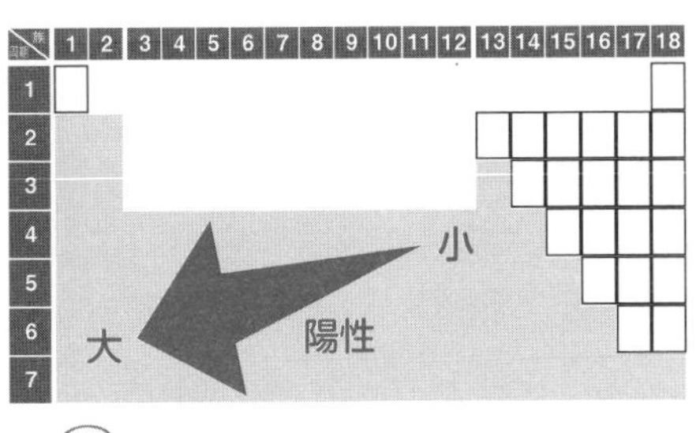

1

1-6　金属元素と非金属元素（その2）

ココをおさえよう！

周期表の左下の元素ほど陽性が強く，右上の元素ほど陰性が強い（貴ガスを除く）。

一方，金属元素以外の元素を，**非金属元素**といいます。
（非金属元素を日本地図で例えると，沖縄と北海道でしたね）

右上に位置する元素ほど陰性が強いという性質があります。

陰性というのは，先ほど出てきた陽性とは逆の性質のことで，
電子を受け取って陰イオンになる性質のことをいいます。
つまり，貴ガスを除き，**周期表の右上にいくほど，電子を受け取りやすい**性質があるのです。

これは，日本地図の右上（北）に行くほど気温が低くなり，
服を着たがるのに似ていますね。このイメージを持っておくといいでしょう。

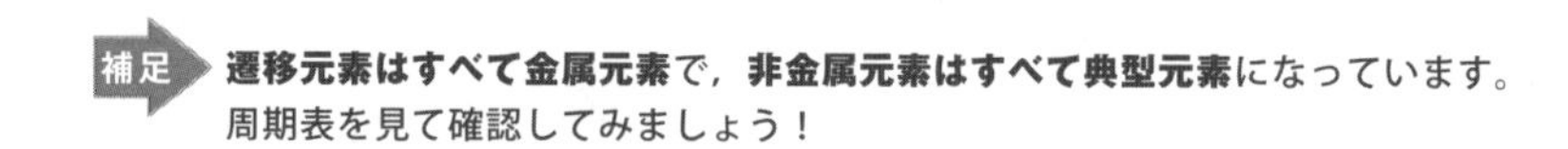
補足　**遷移元素はすべて金属元素**で，**非金属元素はすべて典型元素**になっています。
周期表を見て確認してみましょう！

Point・・・陽性と陰性

◎　周期表の左下の元素ほど，陽性が強い。
◎　周期表の右上の元素ほど，陰性が強い（貴ガスを除く）。

非金属元素の傾向

右上の元素ほど，陰性が強く
電子を受け取りやすい

＞＞＞

イメージ

北に行くほど寒く，服を着やすい

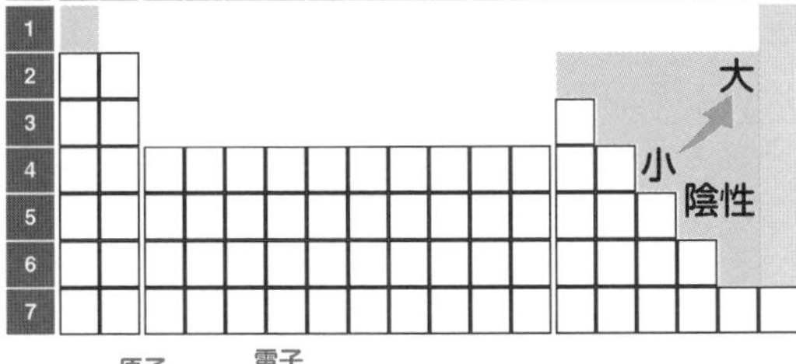

1

遷移元素はすべて金属元素

周期＼族	1	2	3	4	5	6	7	8	9	10	11	12	13	14	15	16	17	18
1	H																	He
2	Li	Be											B	C	N	O	F	Ne
3	Na	Mg											Al	Si	P	S	Cl	Ar
4	K	Ca	Sc	Ti	V	Cr	Mn	Fe	Co	Ni	Cu	Zn	Ga	Ge	As	Se	Br	Kr
5	Rb	Sr	Y	Zr	Nb	Mo	Tc	Ru	Rh	Pd	Ag	Cd	In	Sn	Sb	Te	I	Xe
6	Cs	Ba	ランタノイド	Hf	Ta	W	Re	Os	Ir	Pt	Au	Hg	Tl	Pb	Bi	Po	At	Rn
7	Fr	Ra	アクチノイド	Rf	Db	Sg	Bh	Hs	Mt	Ds	Rg	Cn	Nh	Fl	Mc	Lv	Ts	Og

遷移元素（3〜11族）

灰色部分はすべて金属元素

遷移元素は
遷移金属とも
いうからのう

非金属元素はすべて
典型元素なんだニャ

ここまでやったら
別冊 P. 2 へ

1-7 塩基性酸化物

ココをおさえよう！

金属元素の酸化物（のほとんど）を塩基性酸化物という。

今まで，金属元素／非金属元素のお話をしてきましたが，
今度はそれらの酸化物について見てみましょう。

金属元素の酸化物を**塩基性酸化物**といいます。
（金属元素の酸化物で，塩基性酸化物ではないものは，p.34で扱います）
一方，**非金属元素の酸化物**は**酸性酸化物**といいます。よって

「参加した　近縁が　悲惨」
参加：酸化物　近縁：金属：塩基性酸化物　悲惨：非金属：酸性酸化物

と覚えましょう。
さて，金属元素の酸化物を塩基性酸化物と呼ぶ理由は
① **水と反応して塩基**になったり，
② **酸と中和反応をする**からです。

① **水と反応して塩基になる**

例：$BaO + H_2O \longrightarrow Ba(OH)_2$

補足 なぜこのような反応をするかというと，**塩基性酸化物のO^{2-}は，H^+とくっつきたがる性質**を持っているからです。磁石のNとSが引き合うのと同じように，静電気力によって＋と－が引き合うのです。

② **酸と中和反応をする**

例：$MgO + 2HCl \longrightarrow MgCl_2 + H_2O$

補足 塩基性酸化物が酸と中和反応をするときは，まず，先ほどの①のように，
水と反応して塩基になってから，酸と中和します。
1） $MgO + H_2O \longrightarrow Mg(OH)_2$ （…まず，水に溶けて塩基になってから）
2） $Mg(OH)_2 + 2HCl \longrightarrow MgCl_2 + 2H_2O$ （…酸と中和反応をする）
3） 1），2）をまとめて，先ほどのような反応式になるのです。
$MgO + 2HCl \longrightarrow MgCl_2 + H_2O$

<u>金属元素</u>の酸化物 ＝ <u>塩基性</u>酸化物

<u>非金属元素</u>の酸化物 ＝ <u>酸性</u>酸化物

塩基性酸化物は……

✦水と反応して塩基になる

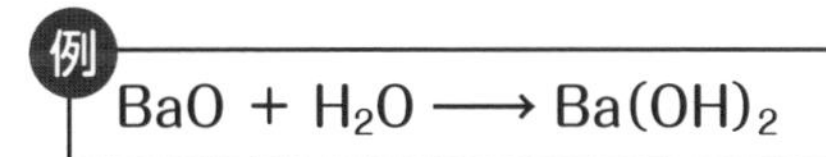

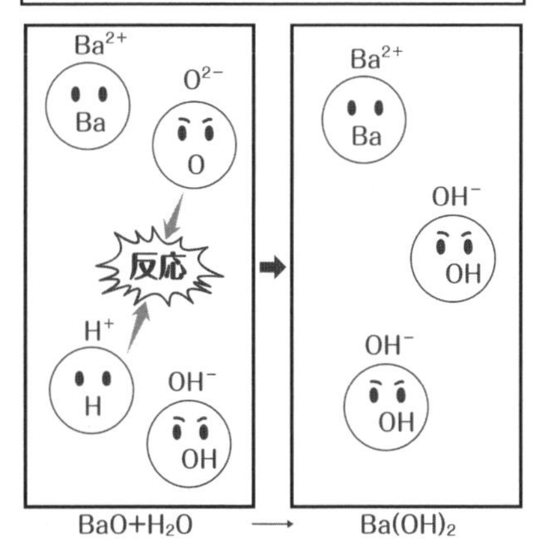

✦酸と中和反応をする

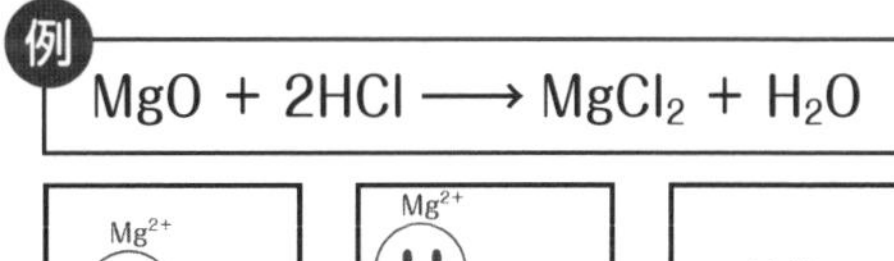

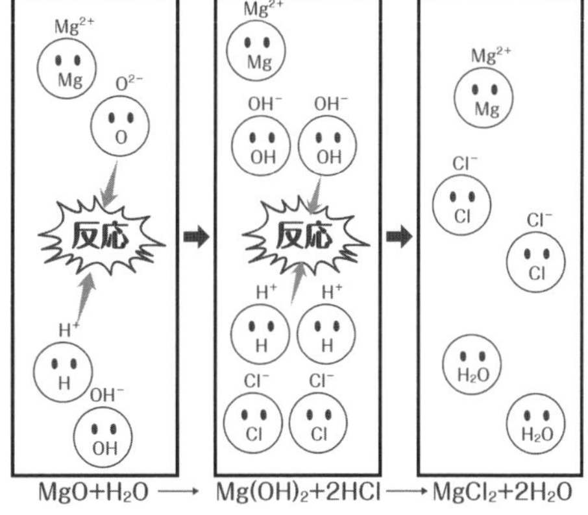

1-8 酸性酸化物

ココをおさえよう！

非金属元素の酸化物を酸性酸化物という。

一方，非金属元素の酸化物は，**酸性酸化物**といいます。なぜなら
① **水と反応して酸**になったり，
② **塩基と中和反応をする**からです。

① **水と反応して酸になる**

例：$SO_2 + H_2O \longrightarrow H_2SO_3$

（H_2SO_3のように，酸素を含む酸を**オキソ酸**といいます）

補足 なぜこのような反応をするかというと，**酸性酸化物のX＝Oの部分に極性があり，これまた極性のある水分子と新たな結合を作るから**です。磁石のNとSが引き合うのと同じように，静電気的な力によって＋と－が引き合うのですね。

② **塩基と中和反応をする**

例：$SiO_2 + 2NaOH \longrightarrow Na_2SiO_3 + H_2O$

補足 酸性酸化物が塩基と中和反応をするときは，まず，先ほどの①のように，**水と反応して酸になってから，塩基と中和**します。

1） $SiO_2 + H_2O \longrightarrow H_2SiO_3$ （…まず，水に溶けて酸になってから）
2） $H_2SiO_3 + 2NaOH \longrightarrow Na_2SiO_3 + 2H_2O$ （…塩基と中和反応をする）
3） 1），2）をまとめると

$$SiO_2 + 2NaOH \longrightarrow Na_2SiO_3 + H_2O$$

酸性酸化物は……

✦水と反応して酸になる

$$SO_2 + H_2O \longrightarrow H_2SO_3$$

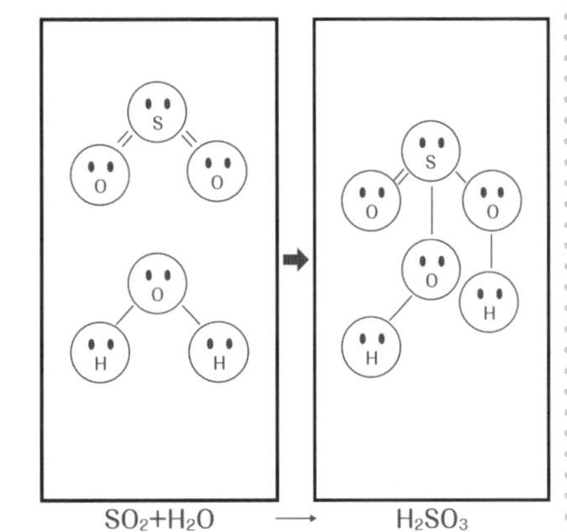

SO_2+H_2O ⟶ H_2SO_3

なぜこの反応が起こるのか？

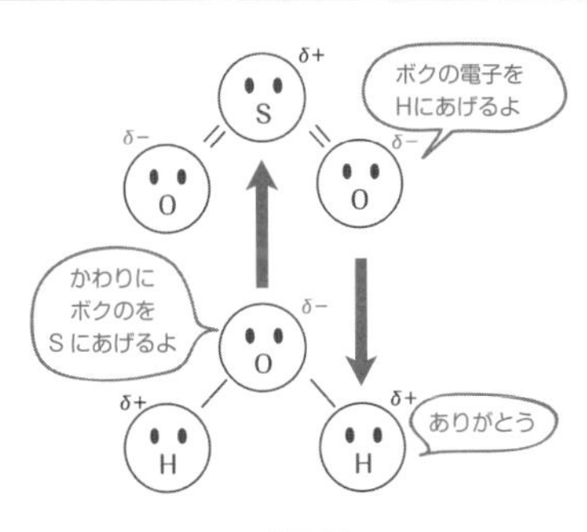

SO_2分子，H_2O分子ともに
極性のある分子で
新たな結合を作るから

✦塩基と中和反応をする

$$SiO_2 + 2NaOH \longrightarrow Na_2SiO_3 + H_2O$$

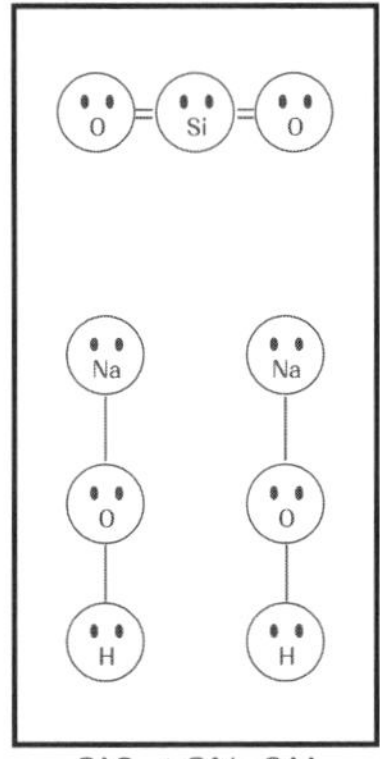

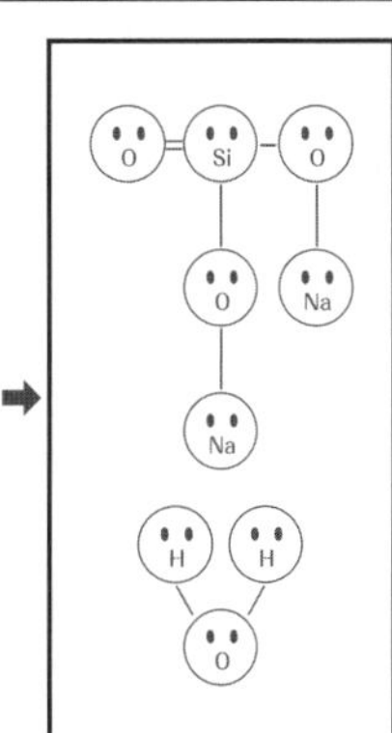

SiO_2+2NaOH ⟶ Na_2SiO_3+H_2O

極性について忘れた人は
理論化学編の p.70 を
チェックじゃ

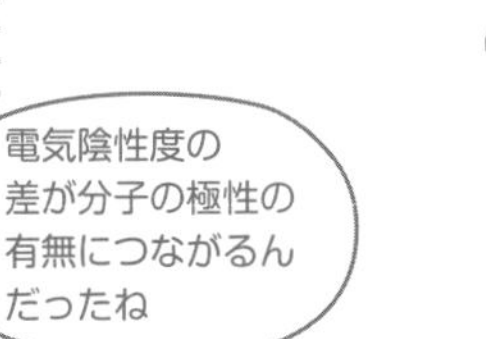

1-9　両性酸化物

ココをおさえよう！

酸にも塩基にも溶ける金属の酸化物を両性酸化物という。

塩基性酸化物は酸に溶け（酸と中和反応をし），
酸性酸化物は塩基に溶ける（塩基と中和反応をする）と学んできました。
実は，酸にも塩基にも溶ける金属があります。
このような性質を**両性**といい，単体が両性を示す金属を**両性金属**といいます。

くわしくはp.216で学びますが，両性金属の元素とは**Al**，**Zn**，**Sn**，**Pb**のことを指し，両性元素とよぶこともあります。
これらの元素は，金属元素に分類されますが，非金属元素との境界の近くに位置しているため，その酸化物は酸性酸化物の性質も兼ね備えているのです。
（ちなみに，両性元素は**「ああスンナリ」**Al（あ），Zn（あ），Sn（スン），Pb（ナリ）と覚えましょう）

さて，両性元素の酸化物である**両性酸化物**は，以下のように酸・塩基と反応します。

例：$Al_2O_3 + 6HCl \longrightarrow 2AlCl_3 + 3H_2O$　（…酸との反応）
　　$Al_2O_3 + 2NaOH + 3H_2O \longrightarrow 2Na[Al(OH)_4]$　（…塩基との反応）

ちなみに，酸化アルミニウムAl_2O_3の結晶は，
天然にはコランダム（日本名：鋼玉（こうぎょく））として産出します。
コランダム自体は無色透明なのですが，ここに少量のCr_2O_3を含んだものはルビー（赤色），Fe_2O_3とTiO_2を含んだものはサファイア（青色）と呼ばれ，鮮やかな色彩を呈する宝石になります。

ルビーやサファイアに，酸や塩基をかけると…あわわ。
大変なことになりますね。これが，両性酸化物が酸や塩基に溶ける例です。

両性元素の酸化物 = 両性酸化物

両性元素についてはp.216でくわしくやるぞい

両性元素とは？

単体，酸化物，水酸化物がどれも酸・塩基に溶ける Al，Zn，Sn，Pbのこと（「ああスンナリ」）。

両性酸化物は……

✦酸と反応する

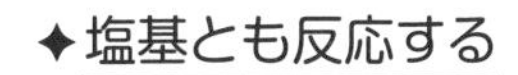

✦塩基とも反応する

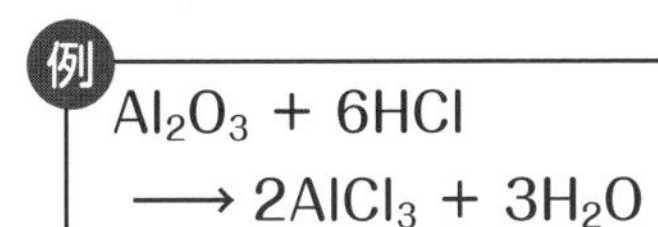

例 $Al_2O_3 + 6HCl \longrightarrow 2AlCl_3 + 3H_2O$

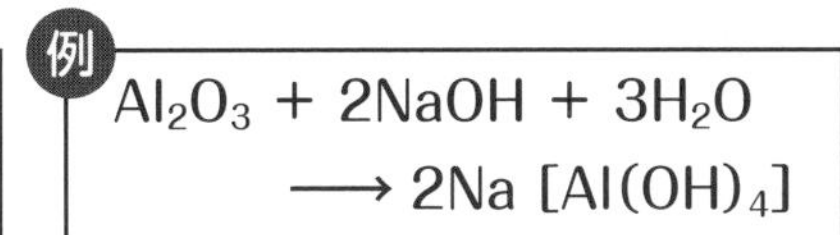

例 $Al_2O_3 + 2NaOH + 3H_2O \longrightarrow 2Na[Al(OH)_4]$

$Al_2O_3(+Cr_2O_3)$

$Al_2O_3(+Fe_2O_3, TiO_2)$

※実際は，ルビーとサファイアは酸や強塩基に溶けません。Al_2O_3にはいくつかの結晶構造があり，その違いによって酸や強塩基に溶けたり溶けなかったりするためです。

ここまでやったら 別冊 p.3へ

1-10 不動態

ココをおさえよう！

Al，Fe，Niは，濃硝酸に対して不動態となって溶けない。

さて，このあとたびたび登場してくる**不動態**について，
ここで一度お話をしておきましょう。

不動態というのは，**酸と金属が反応する際に，**
酸によって金属の表面に緻密（ちみつ）な酸化被膜が形成され，
それ以上反応が進まなくなる状態のことを指します。

この不動態を特別視するのは，
「本来なら反応すると考えられるのに，例外的に反応が進まない」からです。

さて，**酸と金属との反応は，イオン化傾向に関係している**ので，
一度，イオン化傾向をおさらいしてみましょう。

イオン化傾向は，

Li，K，Ca，Na，Mg，Al，Zn，Fe，Ni，Sn，Pb，**[H_2]**，Cu，Hg，Ag，Pt，Au
大 ← 小

（H_2は金属ではないですが，重要なのでイオン化傾向に含まれています）

となっており，**H_2よりイオン化傾向の大きい金属は，基本的には酸（H^+）と反応し，**
水素を発生します。

例：$Fe + 2HCl \longrightarrow FeCl_2 + H_2$

1

不動態

不動態とは……

（酸に溶けるはずの）
金属

反応が進まない

→ この状態を **不動態** という

★ **金属と酸との反応** … **イオン化傾向**に関係

イオン化傾向

Li K Ca Na Mg Al Zn Fe Ni Sn Pb [H_2] Cu Hg Ag Pt Au
（リッチに貸そうかな ま あ あ て にすんな ひ ど す ぎる 借 金）

大 ← 小

重要！

H_2よりイオン化傾向の大きい金属は
基本的に酸（H^+）と反応し，水素を発生!!

 $Fe + 2HCl \longrightarrow FeCl_2 + H_2$

どうしてH_2よりイオン化傾向の大きい金属は，基本的には酸（H^+）と反応し，水素を発生するかを先ほどの

例：$Fe + 2HCl \longrightarrow FeCl_2 + H_2$

を使って説明しましょう。

反応前（左辺）では，Feがイオン化しておらず，H_2がH^+としてイオン化していましたが，FeのほうがH_2に比べてイオン化傾向が大きいので，
反応後（右辺）のように，$Fe \longrightarrow Fe^{2+}$，$2H^+ \longrightarrow H_2$となるのです。

この理屈でいくと，例えばAl，Fe，NiはH_2よりもイオン化傾向が大きいので，
酸である**濃硝酸**や**熱濃硫酸**（加熱した濃硫酸のことです）と反応しそうですね。

しかし，**濃硝酸や熱濃硫酸とは特別に，金属の表面に緻密な酸化被膜を作ってしまい，それ以上反応が進まなくなってしまう**のです。
これが，不動態に関する重要なポイントです。

また，不動態を作る有名な金属は**Al**，**Fe**，**Ni**なので，

「酸に溶けることが**ある**(Al)**って**(Fe)**？**　**ない**(Ni)**！**」

で覚えましょう。

このあと，濃硝酸について書いてあるページ（p.126），Al，Feについて書いてあるページ（p.230，250）では必ず，この不動態について触れているので，その際にはもう一度このお話を思い出して，「ああ，あのことだ」と復習してくださいね。

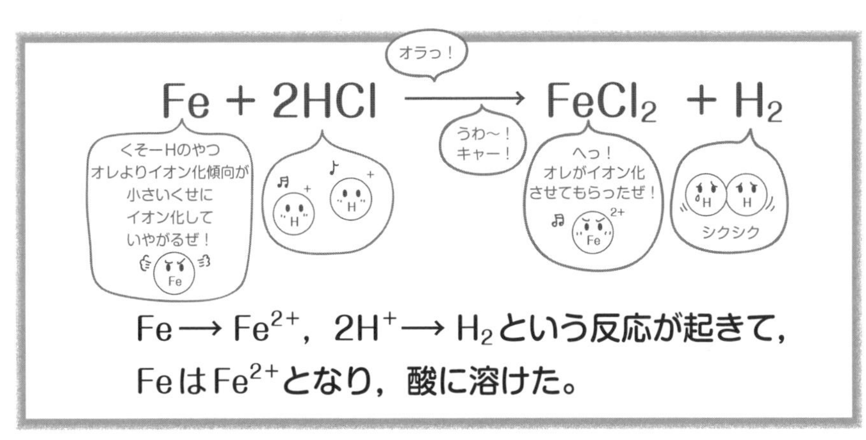

$Fe \longrightarrow Fe^{2+}$，$2H^{+} \longrightarrow H_2$という反応が起きて，

FeはFe^{2+}となり，酸に溶けた。

同様に……以下の組合せでは，Al，Fe，Niがイオン化し，
濃硝酸や熱濃硫酸に溶けるはず。

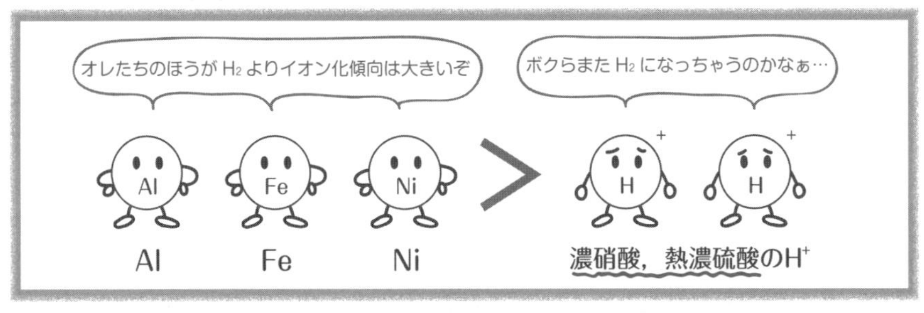

しかし……これらの組合せでは**不動態**となり，金属は溶けない。

1-11 酸化作用のある酸と金属との反応

ココをおさえよう！

Cu，Hg，AgはH_2よりイオン化傾向が小さいが，
酸化作用のある酸（硝酸や熱濃硫酸）には溶ける。

さて，不動態について説明したついでに，
「H_2よりもイオン化傾向の小さい金属が酸と反応する場合」
についてもお話ししておきましょう。

具体的には，イオン化傾向における銅～銀についてです。

イオン化傾向：……［H_2］，**Cu**，**Hg**，**Ag**，Pt，Au
→ 小

この銅～銀は，H_2よりもイオン化傾向が小さいので，基本的には酸と反応しません。例えば，次のような反応は起きないということです。

例：$Cu + 2HCl \not\longrightarrow CuCl_2 + H_2$

しかし，**酸化作用のある硝酸（希硝酸，濃硝酸）や熱濃硫酸には，**
H_2ではない気体を発生して，溶けるのです。

例：$Cu + 2H_2SO_4$（熱濃硫酸）$\longrightarrow CuSO_4 + 2H_2O + SO_2$
$3Ag + 4HNO_3$（希硝酸）$\longrightarrow 3AgNO_3 + 2H_2O + NO$

よく見てもらえばわかると思いますが，
この反応では，**H^+はH^+のまま，酸化数は変化していません。**
一方，$Cu \longrightarrow Cu^{2+}$，$S^{6+} \longrightarrow S^{4+}$ という反応が起きており，銅は酸化され，S^{6+}を含む熱濃硫酸は還元されています（酸化作用によって相手を酸化した）。

これが，不動態とは“逆”に，H_2よりもイオン化傾向が小さい金属が酸と反応する場合のお話です。

このお話に関しても，硫酸，硝酸，Cu，Agのページで登場してくるので，
もしわからなくなったらこのページに戻ってきてくださいね。

逆に……

H_2よりもイオン化傾向の小さい金属が酸に溶けることもある。

Li K Ca Na Mg Al Zn Fe Ni Sn Pb [H_2] (Cu) (Hg) (Ag) Pt Au

大 ← 小

もちろん，基本的に酸には溶けない。

例

$$Cu + 2HCl \not\rightarrow CuCl_2 + H_2$$

しかし……

酸化作用のある酸（硝酸や熱濃硫酸）には溶ける！

（ただし，H^+が反応するわけではないので，H_2は発生しない）

例

$$Cu + 2H_2SO_4 \text{（熱濃硫酸）} \longrightarrow CuSO_4 + 2H_2O + SO_2$$

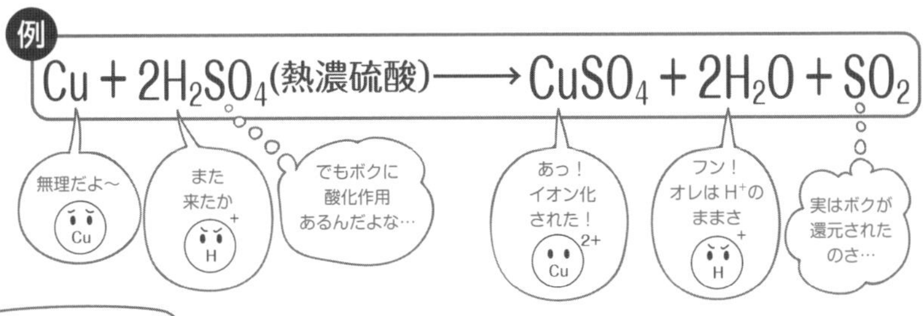

$Cu \longrightarrow Cu^{2+}$，$S^{6+} \longrightarrow S^{4+}$という反応が起き，
CuはCu^{2+}となって，酸に溶けた。

1-10，1-11で，金属と酸との反応の例外について見てきましたが，
ここでまとめて図にしてみましょう。

右図のように，金属と酸との反応は，イオン化傾向と密接な関係があり，
・H_2よりもイオン化傾向の大きい金属は，基本的に酸と反応します。

例外として，Al，Fe，Niは，濃硝酸や熱濃硫酸には**不動態**となって溶けません。

・H_2よりもイオン化傾向の小さい金属は，基本的に酸と反応しません。

例外として，Cu，Hg，Agは，
酸化作用のある硝酸（希硝酸，濃硝酸）や熱濃硫酸には反応する。

これでスッキリと頭が整理されたと思います。

金属と酸との反応（イオン化傾向との関係）

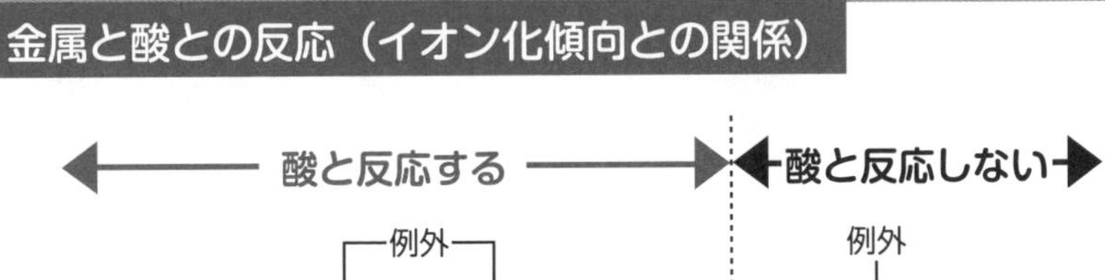

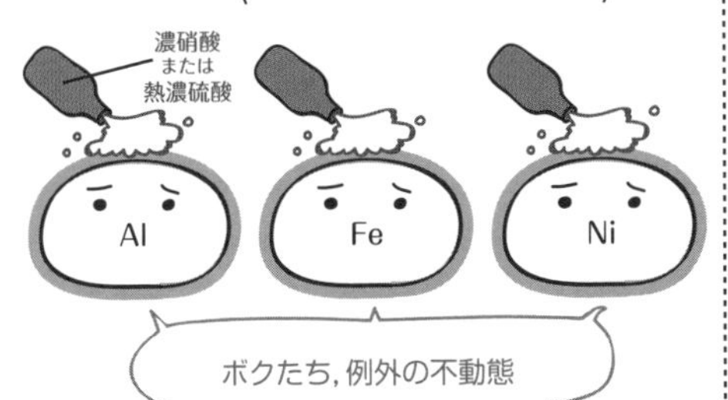

ここまでやったら
別冊 P. 4 へ

理解できたものに，☑チェックをつけよう。

- □ 原子の性質が周期的に現れることを周期律という。
- □ 原子番号＝陽子の数＝原子中の電子の数
- □ 貴ガスの価電子の数は0
- □ 同じ族に属する元素群を同族元素という。
- □ 3～12族の元素群を遷移元素といい，性質が似通っている。
- □ 1，2，13～18族の元素群を典型元素という。
- □ 金属元素は陽イオンになりやすく，周期表の左下に位置する元素ほど陽性が強い（つまり，電子を放出しやすい）。
- □ 貴ガスを除く非金属元素は陰イオンになりやすく，周期表の右上に位置する元素ほど陰性が強い（つまり，電子を受け取りやすい）。
- □ 遷移元素はすべて金属元素，非金属元素はすべて典型元素。
- □ 金属元素の酸化物は塩基性酸化物，非金属元素の酸化物は酸性酸化物。
- □ Al，Zn，Sn，Pbを両性元素といい，その単体や酸化物，水酸化物は，基本的に酸にも塩基にも溶ける。
- □ Al，Fe，Niは濃硝酸や熱濃硫酸に対して不動態となって溶けない。
- □ Cu，Hg，Agは，酸化作用のある酸（硝酸や熱濃硫酸）には溶ける。

よし！次のChapterでは「元素キャラ化銃」を使ってみるぞい

すげー！

カッコいい

Chapter

2

水素と貴ガス

水素と貴ガス

はじめに

それでは，ここからは各元素の性質について解説していきましょう。

Chapter 2では，水素と貴ガスについてです。
水素は，その性質と製法について，覚えていきましょう。
貴ガスは，その性質について理解しましょう。

おやおや，右ページではなにやらユニークなキャラクターが出てきましたね。
水素H_2忍者と，貴ガス坊主ですって？
どんな特徴があるんでしょうか？

この章で勉強すること

水素，貴ガスについて，その性質や製法を学びます。

宇宙一
わかりやすい
ハカセの
Introduction

よし！
さっそく銃を
使ってみるぞ
発射ニャ！
まずは水素 H2 と
貴ガス
(He, Ne, Ar, …)
で試してみよう
ドーン
貴
H2
拙者
H2 忍者でござる
貴ガス坊主で
ございます
おぉ〜♬
くわしくは次ページから！
Let's study!!

2-1 水素の性質

ココをおさえよう！

水素H_2は忍者のような性質を持っている！

水素H_2は，まさに，化学界の忍者といったところでしょうか。

無色・無臭の気体で，
（人には気づかれないように……）
すべての物質の中で**最も軽く，密度が小さい**分子です。
（身軽なH_2忍者！）

水にも溶けにくい性質があります。
（水に溶けないから，水隠れの術（水とんの術）も使えます）

また，**空気中で点火するとよく燃え，水を生成**します。

$$2H_2 + O_2 \longrightarrow 2H_2O$$

（H_2忍者が「ドロン」したあとには，水が残っちゃいます……）

高温では，酸化物から酸素を奪う（還元性を持つ）ので，
還元剤としても利用されます。

例：$CuO + H_2 \longrightarrow Cu + H_2O$

（H_2忍者は正義の味方。酸化物に取られた酸素を奪い返します！）

Point ･･･ 水素H_2の性質

◎ 無色・無臭。
◎ すべての物質の中で最も軽く，密度が小さい。
◎ 水に溶けにくい。
◎ 空気中でよく燃える。
◎ 高温では，強い還元性を示す。

水素H_2は忍者

原子は……

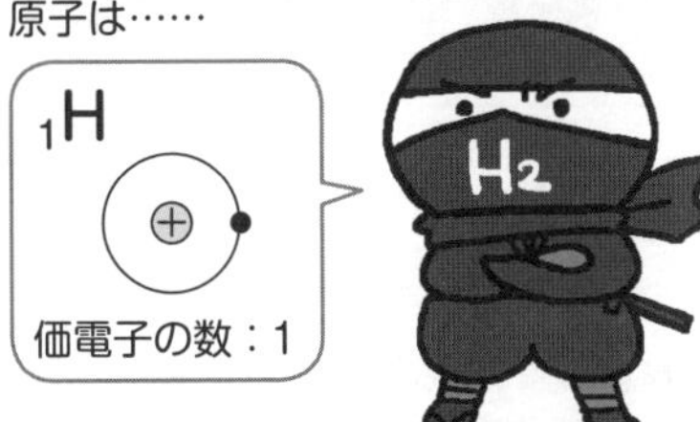

拙者はH_2忍者
最も軽い水素原子Hが2つ
結合してできる気体でござる
一人前の忍者になるために日々特訓しておるぞ

H_2の特徴

- 無色・無臭の気体。

- 最も軽く，密度が小さい。

- 水に溶けにくい。

- 空気中で点火すると
よく燃え，水を生成。

- 還元剤として利用。(酸素を奪う)　例 $CuO + H_2 \longrightarrow Cu + H_2O$

2-2 水素の製法

ココをおさえよう！

亜鉛に希硫酸を加えると水素が生成する。

水素H_2は右ページのような装置を用い，**亜鉛**に**希硫酸**を加えて生成します。
（先ほどいったように，水素H_2は水に溶けにくいので，**水上置換**で捕集します）

$$Zn + H_2SO_4 \longrightarrow ZnSO_4 + \underset{\text{水素発生}}{\underline{H_2}} \uparrow$$

水素H_2を生成する際に，**キップの装置**と呼ばれる装置を使うこともあります。
この装置は，(a) に希硫酸，(b) に亜鉛を入れ，水素を発生させます。

①「気体を発生させる」

活栓 (d) を開くと (b) 内の圧力が下がって，希硫酸が (a) から流下し (c) を満たして (b) まで入ってくるので，亜鉛と希硫酸が接触して水素が発生します。

$$Zn + H_2SO_4 \longrightarrow ZnSO_4 + H_2 \uparrow$$

②「気体の発生を止める」

一方，活栓 (d) を閉じると，水素が (b) に閉じ込められ，その圧力で希硫酸を (b) から (c) に押し下げるので，亜鉛と希硫酸が離れて水素の発生が止まる，という仕組みになっています。

また，水素はこの他にも，**ナトリウムNa**の単体と**水**を反応させることによっても得ることができます。

$$2Na + 2H_2O \longrightarrow 2NaOH + H_2 \uparrow$$

補足 その他，**両性元素**と**強塩基**との反応でも水素H_2は生成されます。
後ほど（p.229などで）出てきますが，頭の片隅に入れておいてくださいね。

$$2Al + 2NaOH + 6H_2O \longrightarrow 2Na[Al(OH)_4] + 3H_2 \uparrow$$

水素の製法

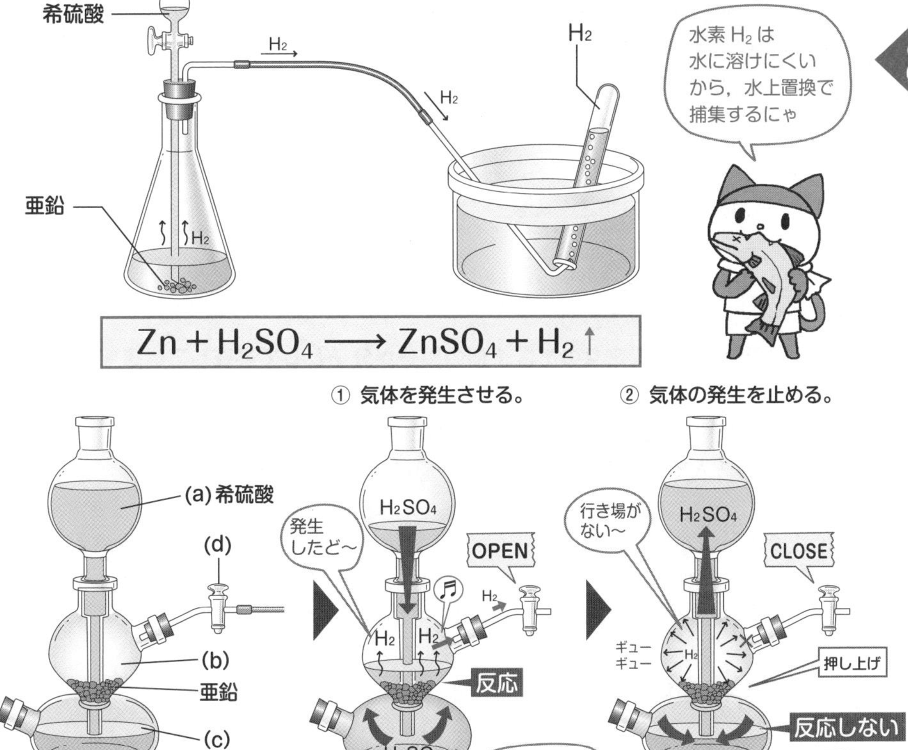

$$Zn + H_2SO_4 \longrightarrow ZnSO_4 + H_2\uparrow$$

H_2SO_4 が（a）から流れて，（c）を満たし，（b）で反応するんじゃ

H_2 の行き場がなくなって，H_2SO_4 を押し戻すんだね

その他にも……

$$2Na + 2H_2O \longrightarrow 2NaOH + H_2\uparrow$$ （ナトリウムと水）

$$2Al + 2NaOH + 6H_2O \longrightarrow 2Na[Al(OH)_4] + 3H_2\uparrow$$ （両性元素と強塩基）

ここまでやったら
別冊 P. 5 へ

2-3 貴ガスの性質

ココをおさえよう！

貴ガスは安定な電子配置をとるため，
化合物にならず，単原子で安定的に存在する。

貴ガス（希ガス）は，お坊さんのような性質をしています。

周期表の**18族元素**のことで，**ヘリウムHe**，**ネオンNe**，**アルゴンAr**
などを指しているのですが，
貴ガスはそれ1つで安定なので，1個の原子が分子として存在しています。

1個の原子が分子として存在しているものを**単原子分子**といいます。
（お坊さんは1人でひっそりと暮らしているイメージですよね）

なぜこのように安定しているかというと，Heの最外殻電子は2個，NeやArは8個で**閉殻構造**になっているため安定で，他の原子と結合する必要がないからです。
（お坊さんの精神のように，すごく安定しているのですね）

また，**貴ガスの価電子の数は0**とします。
価電子の数とは「反応に関わる電子数」のことですが，
貴ガスは安定しているため，他の原子とは反応しません。
よって，「反応に関わる電子数」である価電子の数は，0なのですね。

そうそう，いい忘れていました。
貴ガスは（ガス，というくらいですから）**どれも気体**です！
（お坊さんも修行をつめば，空も飛べる!?）

Point ・・・貴ガスの性質

◎ 化学的に安定していて，単原子分子として存在する。
◎ Heの最外殻電子数は2，Ne，Arの最外殻電子数は8（価電子の数は0）です。

貴ガス (He, Ne, Ar など) はお坊さん

貴ガス
(He, Ne, Ar…)

私は貴ガス坊主
18 族元素のことで,
ヘリウム He, ネオン Ne, アルゴン Ar
などを指しています。日々これ精進です

貴ガスの特徴

- **それ1つで安定なので, 単原子分子として存在。**
  (1個の原子が分子として存在)
- **閉殻構造になっている。**

- **価電子の数は0。**

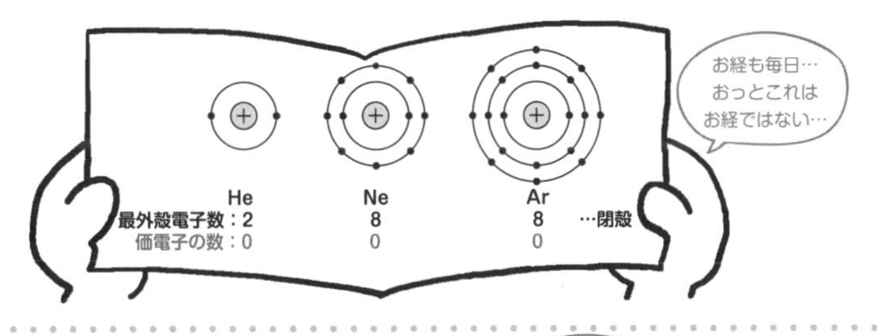

- **貴ガスは気体。**

ここまでやったら
別冊 P. 6 へ

理解できたものに，☑チェックをつけよう。

- [ ] H_2は無色・無臭の気体。
- [ ] H_2は最も軽く，密度が小さい。
- [ ] H_2は水に溶けにくい。水上置換で捕集される。
- [ ] H_2は空気中で点火するとよく燃え，水を生成する。
- [ ] H_2は還元剤として利用される。
- [ ] H_2は亜鉛に希硫酸を加えることで生成される。
- [ ] H_2はナトリウムの単体に水を反応させることで得ることができる。
- [ ] 貴ガスは単原子分子として存在している。
- [ ] 貴ガスは閉殻構造をしている。
- [ ] 貴ガスはどれも気体。
- [ ] 貴ガスのうち，Heの最外殻電子数は2，残りは8である。

Chapter

3

ハロゲン

ハロゲン

はじめに

Chapter 2では，水素と貴ガスについて学びました。
どちらもキャラクターがユニークでしたね。

次は特徴ある元素群「ハロゲン」について学びます。
右ページでは怪盗ハロゲンが登場したようです。
彼らはどんな活躍をするのでしょうか？

丸暗記になりがちな元素の性質と製法を，
イメージとたとえ話で解説していきましょう。

この章で勉強すること

ハロゲン及びハロゲン化水素の性質と製法について学んでいきます。

宇宙一
わかりやすい
ハカセの
Introduction

ハロゲンの性質や製法，
ハロゲン化水素の性質や製法を学びます。

おお〜〜!!

3-1 ハロゲンの性質（その1）

ココをおさえよう！

ハロゲンの単体は二原子分子！

ハロゲンは，**電子e⁻というお宝を盗む，化学界の怪盗集団**です。

ハロゲンとは周期表の17族元素のことで，
フッ素F，塩素Cl，臭素Br，ヨウ素Iなどを指します。

ハロゲンはいずれも7個の価電子を持っていて，
電子1個を奪い，1価の陰イオンになりやすい性質を持っています。
（怪盗集団ハロゲンは，e⁻を奪うことが得意です）

ハロゲンの単体は**いずれも，F_2，Cl_2，Br_2，I_2のように二原子分子で存在**しています。
（2人で力を合わせて盗みをはたらくようです）

例 $:\ddot{\underset{..}{Cl}}\cdot + \cdot\ddot{\underset{..}{Cl}}: \longrightarrow :\ddot{\underset{..}{Cl}}:\ddot{\underset{..}{Cl}}:$

また，**いずれの単体も有色・有毒**です。
（それぞれ，特徴的な色の服を着ている，“社会にとって毒”な窃盗団です）
それぞれの色や特徴についてはあとで説明します。

さて，ハロゲンはいずれも電子e⁻を奪う力（**酸化力**）が強いのですが，
ハロゲンの中でも，電子e⁻を奪う（お宝を盗む）強さには差があります。
その強さの順に並べると，$F_2 > Cl_2 > Br_2 > I_2$となっているのです。
（「反応性」もこの順に大きくなります）

酸化力がこの順になるのは，ハロゲンは原子番号が小さいほど原子半径が小さく，最外殻電子が，原子核の正電荷から強く引きつけられやすいため，電子e⁻を引っ張る力がより強いからです。

ハロゲン … 周期表の17族元素（F, Cl, Br, I など）のこと。

特徴1 7個の価電子を持っており，電子1個を奪い，1価の陰イオンになる。

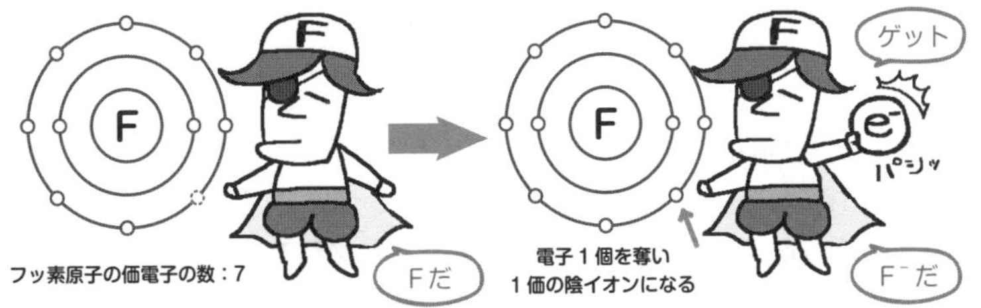

特徴2 二原子分子で存在している。

$$:\ddot{\underset{..}{Cl}}\cdot + \cdot\ddot{\underset{..}{Cl}}: \longrightarrow :\ddot{\underset{..}{Cl}}:\ddot{\underset{..}{Cl}}:$$

特徴3 有色・有毒

例 Br_2 …… 赤褐色・有毒な液体

特徴4 電子e^-を奪う力（酸化力）に順がある。

例 F_2 ＞ Cl_2 ＞ Br_2 ＞ I_2

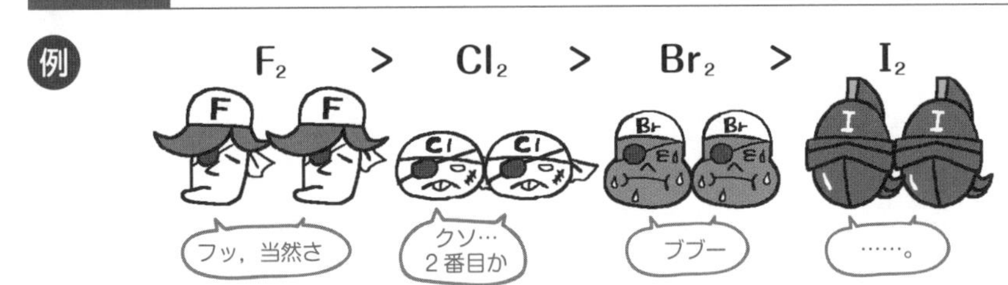

3-2 ハロゲンの性質（その2）

ココをおさえよう！

酸化力の強いほうが，陰イオンになる！

先ほどお話ししたように，
ハロゲンの酸化力（電子e^-を奪う力）の間には
$F_2 > Cl_2 > Br_2 > I_2$という関係が成り立っているので，
酸化力の強いほうが，電子e^-を奪って陰イオンとなります。

よって，フッ素F_2と塩化カリウムKClが出会うと，
（KClはKからClが電子を1つ奪うことで成立している物質です）
フッ素のほうが酸化力が強いので（電子e^-を奪いやすいので）次の反応が起きます。

$$F_2 + 2KCl \longrightarrow 2KF + Cl_2$$

ちょうど，強い怪盗が弱い怪盗からお宝（電子e^-）を強奪するようなイメージです。

一方，例えば，臭化カリウムKBrとヨウ素I_2が出会っても，
臭素のほうが酸化力が強くて陰イオンになりやすいので，反応は起こりません。

$$2KBr + I_2 \not\longrightarrow 2KI + Br_2$$

このように，ハロゲンたちはみんなお宝（電子e^-）を奪う怪盗ですが，
彼らには歴然とした力関係が存在しているのです。

ハロゲンの酸化力 … $F_2 > Cl_2 > Br_2 > I_2$

➡ よって，酸化力の強いハロゲンが電子e^-を奪い，還元される。

例 $F_2 + 2KCl \longrightarrow 2KF + Cl_2$

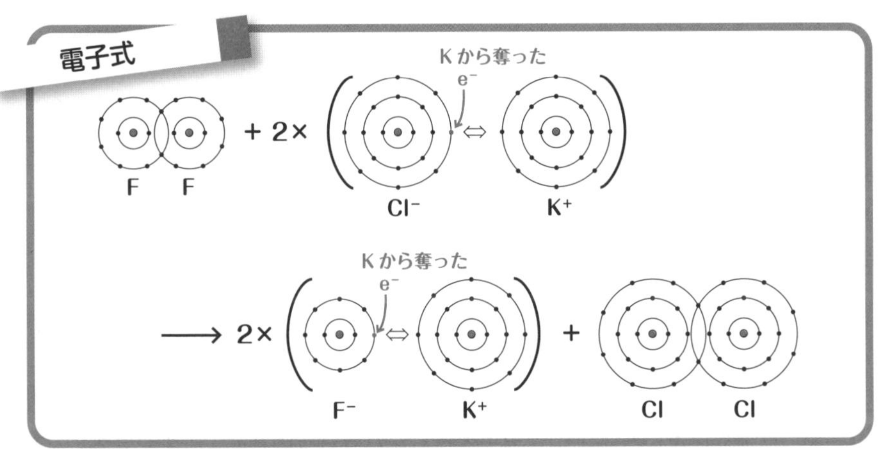

逆に，酸化力の強いほうがe^-を持っているときは，何も起こらない。

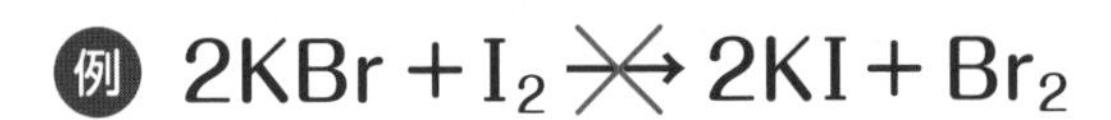

例 $2KBr + I_2 \not\longrightarrow 2KI + Br_2$

3-3 ハロゲンの性質（その3）

ココをおさえよう！

ハロゲンの沸点や融点は，原子番号が大きくなるにつれて高くなる。

電子e^-を奪う力（酸化力）は
$F_2 > Cl_2 > Br_2 > I_2$ （$F > Cl > Br > I$）
の順になっていましたが，
一方で沸点や融点は，
$I_2 > Br_2 > Cl_2 > F_2$
の順に高くなっています。
なので，**常温において，I_2は固体，Br_2は液体，Cl_2とF_2は気体**となっています。
（Cl_2やF_2は沸点が低いため，気体になっているのです）

この順に沸点・融点が高くなるのは，
原子番号が大きくなるほど分子量が大きく，分子間力（ファンデルワールス力）が大きくなるからです。
“**分子量が大きいほど分子間力（ファンデルワールス力）が大きい**”というのは，
他の族でも一般的にそうなるので，覚えておきましょう。

F_2，Cl_2，Br_2，I_2といった分子は，それぞれ同種類の多量の分子どうしで集まってフッ素，塩素，臭素，ヨウ素として存在しています。
その分子間にはたらく結びつきが分子間力です。
分子間力が大きいということは，分子どうしをバラバラの状態（液体や気体）にするのに，より多くの熱が必要になるということを表しています。

そのため，分子間力の大きいヨウ素は常温では固体なのですね。

Point ・・・ハロゲンの性質

◎ 単体は二原子分子で，有色で有毒な気体。
◎ 電子e^-を奪う力（酸化力）が強い。
◎ 酸化力・反応性：**$F_2 > Cl_2 > Br_2 > I_2$**
◎ 沸点・融点（分子間力）：**$I_2 > Br_2 > Cl_2 > F_2$**

酸化力 … 半径が小さいと，電子を引きつける力が大きくなるため。

F_2 ＞ Cl_2 ＞ Br_2 ＞ I_2

沸点・融点 … 分子量が大きいと，分子間力（ファンデルワールス力）が大きくなるため。

I_2 ＞ Br_2 ＞ Cl_2 ＞ F_2

原子半径，分子量など

原子半径	I ＞	Br ＞	Cl ＞	F
分子量	253.8	159.8	70.9	38.0
沸点	184.3℃	58.8℃	－34.0℃	－188.1℃
融点	113.5℃	－7.2℃	－101.0℃	－219.6℃
状態（常温）	固体	液体	気体	気体

分子量（原子量）と沸点・融点との関係

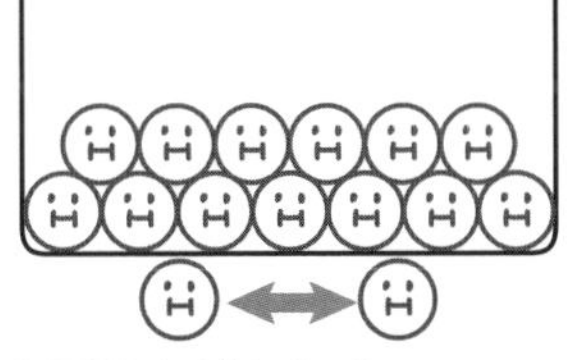

だから I_2 は固体，F_2 は気体なのかぁ

分子量　小

分子間力が大きく，分子どうしをバラバラにする（沸騰させたり，液化させたりする）のに，より多くの熱を加える必要がある。

分子間力が小さく，分子どうしをバラバラにする（沸騰させたり，液化させたりする）のにより少ない熱でよい。

ここまでやったら
別冊 P. 7へ

3-4 フッ素

ココをおさえよう！

フッ素F_2は淡黄色の気体。最も酸化力が強い。

フッ素F_2は，**酸化力が最も強い**という性質があり，**人体にきわめて有害**です。
（フッ素は最も電子e^-を盗む能力の高い怪盗だ！　彼の存在はきわめて有害！）

酸化作用が最も強いということは，他の物質との反応性が大変強いということを表しており，つまり有害ということなのです。

フッ素F_2は，**特有のにおいをもつ淡黄色の気体**です。
（逃げるときは淡黄色のマントを翻(ひるがえ)して消える！）

また，**水と激しく反応して酸素を発生し，フッ化水素HF**となります。

$$2F_2 + 2H_2O \longrightarrow 4HF + O_2$$

（水は怪盗F_2に見つかったら最後。電子e^-を奪われてしまうぞ！）

なぜなら，ハロゲンと酸素の電気陰性度（電子e^-の奪いやすさ）には，

F ＞ O ＞ Cl ＞ Br ＞ I

という関係がある（『宇宙一わかりやすい高校化学　理論化学　改訂版』のp.70参照）ため，フッ素F_2は，H^+と結びついてH_2OになっているO^{2-}から電子e^-を奪ってO_2にし，自分自身はフッ化水素HFとなるのです。

Point ･･･フッ素F_2の性質

◎　酸化力が最も強く，有害。
◎　特有のにおいをもつ，淡黄色の気体。
◎　水と激しく反応し，酸素O_2を発生。

フッ素 F_2

3

特徴

・酸化力が最も強く，きわめて有害。

・特有のにおいをもつ淡黄色の気体。

・水と激しく反応し，酸素を発生する。

$$2F_2 + 2H_2O \longrightarrow 4HF + O_2$$

3-5 塩素

ココをおさえよう！

塩素Cl_2は黄緑色の気体。酸化力が強い。

塩素Cl_2は，**刺激臭のある黄緑色の気体**です。
塩素は**酸化作用**（酸化力による作用）**により，多くの金属と反応**します。
（怪盗Cl_2は，貴金属（金属）には目がありません）

$$Cu + Cl_2 \longrightarrow CuCl_2$$

Cl_2は**ヨウ化カリウムデンプン紙を青く**変えたり，**漂白・殺菌作用**もあります。
（怪盗Cl_2に会って顔を真っ青にする者，顔面蒼白（漂白）になってしまう者もいます）

$$2KI + Cl_2 \longrightarrow 2KCl + I_2$$

さらに，塩素Cl_2は**光を当てるとH_2と爆発的に反応し，塩化水素HClを生成**します。

$$Cl_2 + H_2 \longrightarrow 2HCl$$

塩素は水に少し溶け，塩素水（Cl_2が水に溶けたもの）**になります**。
塩素水では，水に溶けたCl_2の一部が，**次亜塩素酸HClO**となります。
（水は怪盗Cl_2からも，お宝（電子e^-）を奪われてしまうようですね……）
この次亜塩素酸HClOは強い酸化作用を示します。

$$HClO + H^+ + 2e^- \longrightarrow Cl^- + H_2O$$

補足 酸素と結合することが酸化でもあるので，酸素は酸化剤です。
例えば　$2Cu + O_2 \longrightarrow 2CuO$　では，Cuは酸化数が0から＋2に変化したので酸化されています（Oは0から－2で還元されている）。よって，O_2は酸化剤とわかります。

Point ・・・塩素Cl_2の性質

◎ 刺激臭のある，黄緑色の気体。
◎ 金属と反応したり，ヨウ化カリウムデンプン紙を青く変えたりする。
◎ 酸化作用があり，漂白・殺菌作用がある。
◎ 光を当てると，水素H_2と爆発的に反応する。
（ハロゲンのうち，「光を当てて水素H_2と反応」ときたら，それは塩素Cl_2です）
◎ 水に溶けて塩素水となる。その一部が次亜塩素酸になる。

塩素 Cl_2

3

特徴

- 刺激臭のある黄緑色の気体。

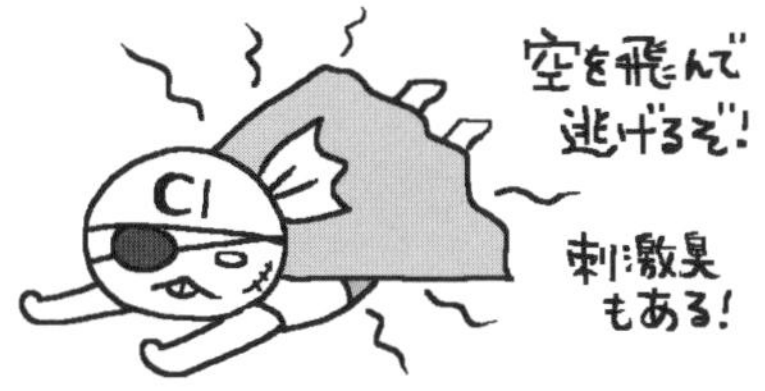

- 酸化作用があり，金属と反応。

例 $Cu + Cl_2 \longrightarrow CuCl_2$

（酸化作用で）

- ヨウ化カリウムデンプン紙を青く変える。
- 漂白・殺菌作用がある。

- 光を当てるとH_2と爆発的に反応し，HClを生成。

$$Cl_2 + H_2 \longrightarrow 2HCl$$

- 水に溶けて塩素水になる。
（一部は次亜塩素酸HClOになる）

$$(Cl_2 + H_2O \longrightarrow HCl + HClO)$$

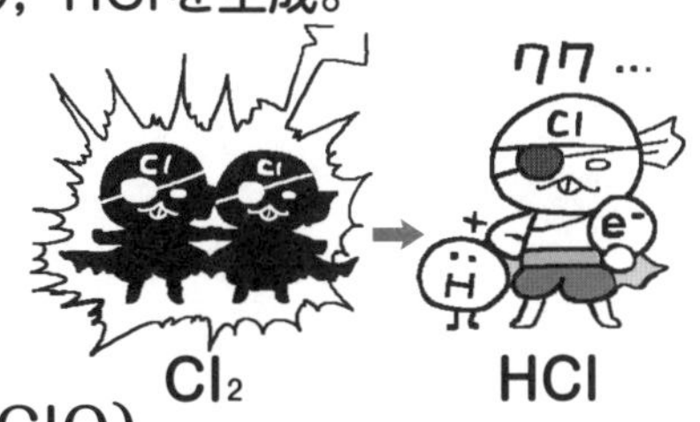

3-6 塩素の製法

ココをおさえよう！

塩素Cl_2は，酸化マンガン（Ⅳ）と濃塩酸で生成する。

次に，塩素の製法について見てみましょう。

塩素は，酸化マンガン（Ⅳ）MnO_2に濃塩酸HClを加えて加熱することで得られます。

$$MnO_2 + 4HCl \longrightarrow MnCl_2 + 2H_2O + Cl_2\uparrow$$

生成には，右ページの図のような装置を使います。
塩素は水に少し溶け，空気より重いため，**下方置換**で捕集します。

【注意点1】
水には発生する塩素に含まれる塩化水素を取り除く役割，濃硫酸には気体を乾燥させる役割があります。
順番は逆にしないよう注意が必要です。
逆にすると，出てくる気体に水が混じってしまいますからね。
乾燥させる濃硫酸を後ろにもってくる，というのがポイントです。

【注意点2】
塩素Cl_2の生成に関する反応式は，電子e^-を含むイオン反応式（半反応式※）から導くことができます。

$$2Cl^- \longrightarrow Cl_2 + 2e^- \quad \cdots\cdots ①$$

$$MnO_2 + 4H^+ + 2e^- \longrightarrow Mn^{2+} + 2H_2O \quad \cdots\cdots ②$$

①と②を足し合わせると

$$MnO_2 + 4H^+ + 2Cl^- \longrightarrow Mn^{2+} + 2H_2O + Cl_2$$

両辺に$2Cl^-$を加えて　$MnO_2 + 4HCl \longrightarrow MnCl_2 + 2H_2O + Cl_2$

補足 塩素は，さらし粉$CaCl(ClO)\cdot H_2O$に塩酸を加えても生成することができます。
$CaCl(ClO)\cdot H_2O + 2HCl \longrightarrow CaCl_2 + 2H_2O + Cl_2\uparrow$

※　半反応式の作りかたは，『宇宙一わかりやすい高校化学　理論化学　改訂版』p.174参照。

塩素の製法

酸化マンガン(Ⅳ) MnO_2 に濃塩酸を加えて加熱する。

反応式：$MnO_2 + 4HCl \longrightarrow MnCl_2 + 2H_2O + Cl_2$

3

装置

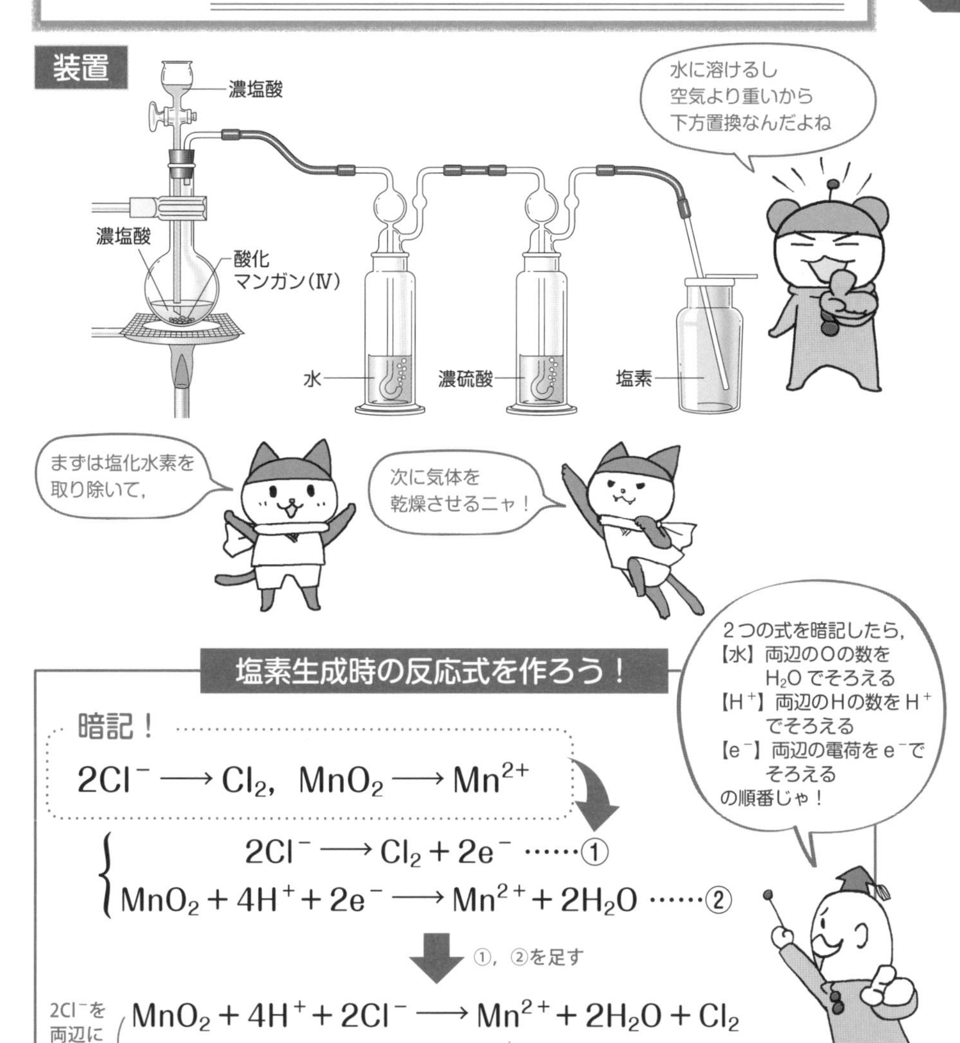

塩素生成時の反応式を作ろう！

暗記！

$$2Cl^- \longrightarrow Cl_2,\quad MnO_2 \longrightarrow Mn^{2+}$$

$$\begin{cases} 2Cl^- \longrightarrow Cl_2 + 2e^- \quad \cdots\cdots ① \\ MnO_2 + 4H^+ + 2e^- \longrightarrow Mn^{2+} + 2H_2O \quad \cdots\cdots ② \end{cases}$$

①，②を足す

$$MnO_2 + 4H^+ + 2Cl^- \longrightarrow Mn^{2+} + 2H_2O + Cl_2$$

$2Cl^-$ を両辺に加える

$$MnO_2 + 4HCl \longrightarrow MnCl_2 + 2H_2O + Cl_2$$

ここまでやったら
別冊 P. 8 へ

3-7 臭素

ココをおさえよう！

臭素Br_2は常温で，赤褐色の液体である。

臭素Br_2は，非金属元素の単体で唯一，常温で**液体として存在**しています。**赤褐色**です。
（怪盗Br_2はものすごく汗っかき。汗（液体）でドロドロです）

常温で液体の元素は臭素Br_2と水銀Hgだけです。

刺激臭のある，有毒な蒸気を発生します。
（すごくにおうようです……）

水にわずかに溶け，臭素水となります。
臭素水は酸化作用を示し，**漂白・殺菌作用**もあります。
（塩素に似た性質をしていますね）

Point ・・・臭素Br_2の性質

◎　非金属元素で唯一，常温で液体として存在。
◎　刺激臭のある，有毒な蒸気を発生。
◎　水にわずかに溶け，臭素水となる。
◎　酸化作用があり，漂白・殺菌作用がある。

臭素 Br_2

特徴

- （非金属元素の単体で唯一）液体。赤褐色。

- 刺激臭のある，有毒な蒸気を発生。

- 水にわずかに溶けて臭素水となる。

3-8 ヨウ素

ココをおさえよう！

ヨウ素I_2は，昇華性のある黒紫色の結晶。

ヨウ素I_2は，**昇華性のある黒紫色の結晶**（固体）です。
（怪盗I_2は堅い鎧を身にまとっています）

I_2は，水には溶けませんが，**ヨウ化カリウムKI水溶液には溶け**，
これによってできた溶液を**ヨウ素溶液**といいます。
（怪盗I_2は3人で温泉に入る！）

$$I_2 + \underset{\text{KIの}I^-}{\underline{I^-}} \rightleftarrows I_3^-$$

この**ヨウ素溶液にデンプン水溶液を加えると青紫色**になります。
これを**ヨウ素デンプン反応**といいます。
（ジャガイモ（デンプンを多く含む）の顔色が悪くなっています。この反応は中学校でも習いましたね）

Point ・・・ヨウ素I_2の性質

◎ 昇華性のある黒紫色の結晶。
◎ 水には溶けないが，ヨウ化カリウム水溶液には溶ける。
◎ デンプン水溶液を青紫色に変化させる。

ヨウ素 I_2

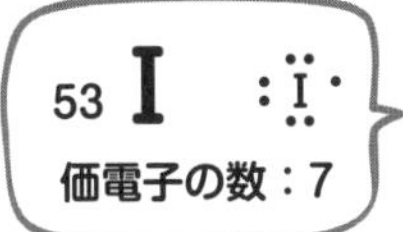

私は怪盗I_2…
昇華性のある
黒紫色の結晶（固体）だ
堅い鎧を
身にまとってるぞ

特徴

- 昇華性のある，黒紫色の固体。

昇華：固体 ⟶ 気体

- ヨウ化カリウム水溶液に溶け，ヨウ素溶液になる。

$$I_2 + I^- \rightleftarrows I_3^-$$

- ヨウ素溶液にデンプン水溶液を加えると，青紫色になる。（ヨウ素デンプン反応）

ここまでやったら
別冊 p. 9へ

3-9 ハロゲン化水素の性質

ココをおさえよう！

ハロゲン化水素は，フッ化水素HFだけ特別な性質を持つ。

ハロゲン化水素HF，HCl，HBr，HIは，**無色で刺激臭を持つ気体**です。
（水素と結びつくことで有色のハロゲンたちは無色になりますが，においは消えません）

水に非常によく溶け，酸性を示す，という共通した性質を持ちます。
（Hの電子e^-というお宝を奪ったあと，H^+をぽいっと捨てるのですね。
酸性はH^+を放出する性質のことで，塩基性はOH^-を放出する性質のことでしたね）

さてここで，ハロゲン化水素の傾向を２つご紹介しますが，
フッ化水素HFだけは，次の２点で特別です。

① **フッ化水素以外のハロゲン化水素の水溶液は強酸**だが，**フッ化水素だけは弱酸。**

酸の強さ：HF ≪ HCl ＜ HBr ＜ HI

② フッ化水素以外は，**ハロゲンの原子番号が大きくなるほど沸点や融点が高くなるが，フッ化水素はこの法則に則らない**。

沸点・融点の高さ：HCl ＜ HBr ＜ HI ≪ HF

これはなぜでしょう？
分子量が小さければ分子間力（ファンデルワールス力）も小さいので，
それによって沸点や融点が低くなってもよさそうなのに……。

それは，フッ化水素HFが**水素結合**を形成するからなのです。
水素結合により分子間の引力がより強くなり，分子どうしをバラバラにする（気体や液体にする）熱エネルギーがより多く必要になるため，沸点や融点が上昇するのです。

補足 HFの酸性の強さだけ極端に弱くなっているのも，水素結合により，FどうしにはさまれたH^+が放出されにくくなるため，酸性が下がったと考えられます。

ハロゲン化水素 … 無色で刺激臭の気体。水によく溶け，酸性を示す。

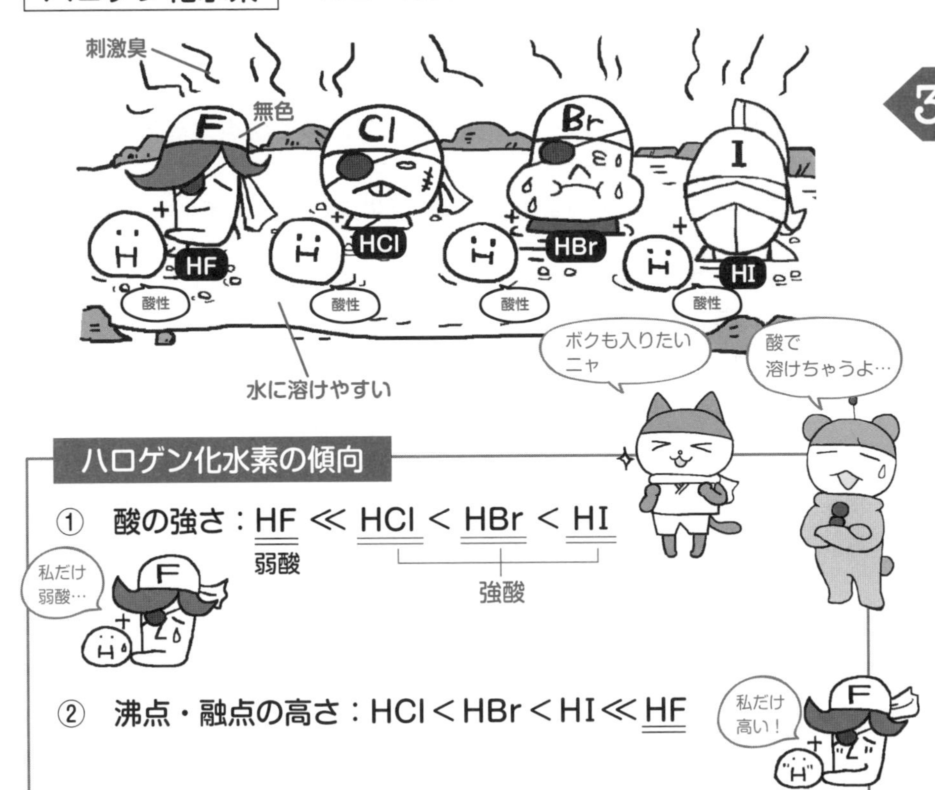

ハロゲン化水素の傾向

① 酸の強さ：HF ≪ HCl ＜ HBr ＜ HI
HF：弱酸　HCl, HBr, HI：強酸

② 沸点・融点の高さ：HCl＜HBr＜HI≪HF

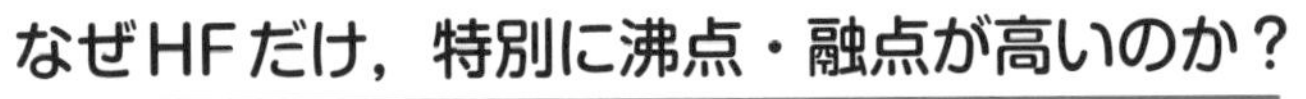

なぜHFだけ，特別に沸点・融点が高いのか？

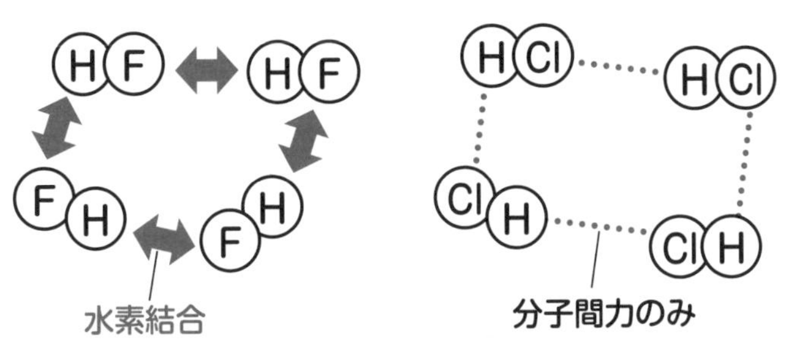

水素結合により，分子どうしをバラバラにするのにより多くの熱エネルギーが必要になるから。

3-10 フッ化水素

ココをおさえよう！

フッ化水素HFは弱酸で，水素結合により沸点や融点が異常に高い。

さて，先ほど出てきた例外的な**フッ化水素HF**について見てみましょう。

フッ化水素は，**フッ化カルシウムCaF_2（ホタル石）に濃硫酸**を加えて熱することで生成されます。

$$CaF_2 + H_2SO_4 \longrightarrow CaSO_4 + 2HF$$

フッ化水素は水に**きわめて溶けやすく，フッ化水素酸**になります。

また，先ほど書いたように他のハロゲン化水素HCl，HBr，HIが**強酸**であるのに対し，このフッ化水素酸は**弱酸**になります。

そのかわりといってはなんですが，
フッ化水素は**沸点が異常に高く，ガラス（二酸化ケイ素）も侵す**ことができるという性質もあります。

$$SiO_2(固) + 6HF \longrightarrow H_2SiF_6 + 2H_2O$$

Point・・・フッ化水素HFの性質

◎ ホタル石CaF_2と濃硫酸H_2SO_4から生成される。
◎ 水に溶けてフッ化水素酸HF（弱酸）となる。
◎ 他のハロゲン化水素に比べて沸点が異常に高い。
◎ ガラスを侵す。

フッ化水素 HF

製法 … フッ化カルシウム CaF_2（ホタル石）に濃硫酸を加えて加熱。

$$CaF_2 + H_2SO_4 \longrightarrow CaSO_4 + 2HF$$

特徴 ・水にきわめて溶けやすく，フッ化水素酸になる。

・沸点が異常に高い。

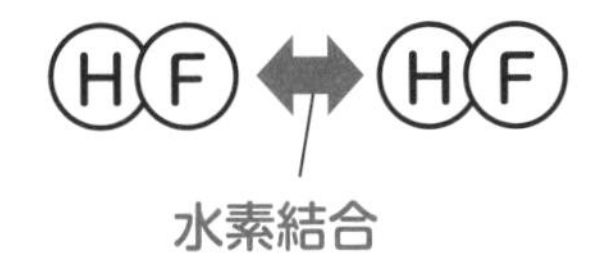

・ガラス（二酸化ケイ素）を侵す。

$$SiO_2(固) + 6HF \longrightarrow H_2SiF_6 + 2H_2O$$

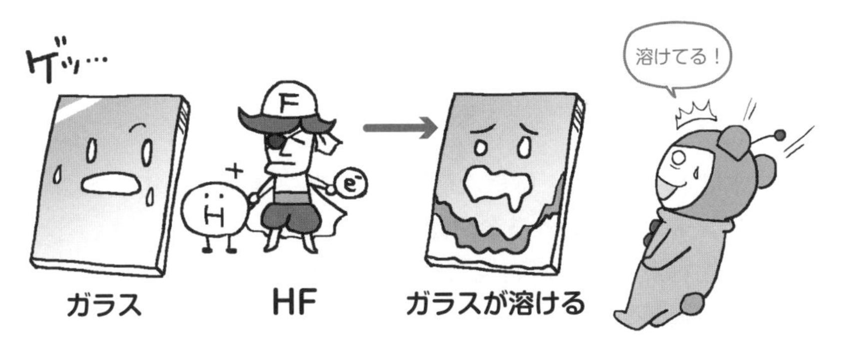

3-11 塩化水素

ココをおさえよう！

塩化水素HClは，アンモニアに触れると白煙を生じる。

続いて，塩素のハロゲン化水素である**塩化水素HCl**について。
塩化水素HClは，実験室では**塩化ナトリウムに濃硫酸**を加えて加熱して生成します。
その際には，右ページのような装置を使います。

$$NaCl + H_2SO_4 \longrightarrow NaHSO_4 + HCl$$

塩化水素は**水に溶けやすく，空気より重い**ので，**下方置換**で捕集します。
塩化水素には，**アンモニアに触れると白煙を生じる**という性質があります。
（逃げるときはアンモニアを使って煙に巻くイメージです）

$$HCl + NH_3 \longrightarrow \underline{NH_4Cl}$$

（酸と塩基の反応）　　これが白煙の原因

塩化水素の水溶液を**塩酸**といいます。
塩酸は，**H_2よりもイオン化傾向の大きい金属を溶解します。**

例：$Fe + 2HCl \longrightarrow FeCl_2 + H_2\uparrow$

ただし，水素よりもイオン化傾向の小さい，銅Cuや銀Agなどは溶かすことはできません。くわしくはp.36～43を復習しておいてくださいね。

例：$Cu + 2HCl \not\longrightarrow CuCl_2 + H_2$

また，塩酸は**多くの金属酸化物（塩基性酸化物）を溶解します。**

例：$CuO + 2HCl \longrightarrow CuCl_2 + H_2O$

このような反応もp.30で説明しましたので，確認しておいてください。

Point ･･･塩化水素HClの性質

◎ 水に溶けやすく，空気より重いので下方置換で捕集する。
◎ **アンモニアに触れると白煙**を生じる。
◎ 塩化水素の水溶液を塩酸といい，H_2よりもイオン化傾向の大きい金属を溶解する。

塩化水素 HCl

製法 … 塩化ナトリウムに濃硫酸を加えて加熱。

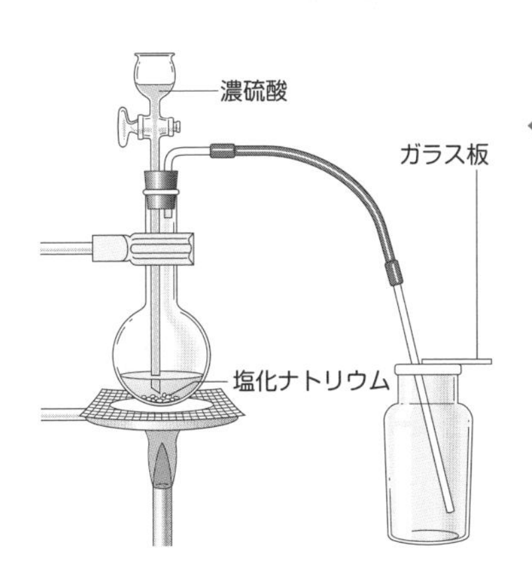

$$NaCl + H_2SO_4$$
$$\longrightarrow NaHSO_4 + \underline{HCl}$$

特徴
- 水に溶けやすく，空気より重いので，下方置換で捕集する。
- アンモニアに触れると白煙を生じる。

$$HCl + NH_3 \longrightarrow NH_4Cl$$

（NH_4Cl：白煙の原因）

- 水溶液である塩酸は，多くの金属を溶解する。

例 $Fe + 2HCl \longrightarrow FeCl_2 + H_2 \uparrow$

イオン化傾向

Li K Ca Na Mg Al Zn Fe Ni Sn Pb [H_2] Cu Hg Ag Pt Au

大 ← 小

HClと反応

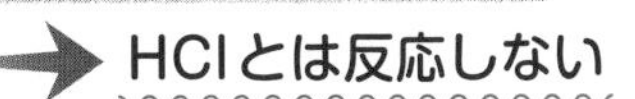

- 塩酸は多くの金属酸化物（塩基性酸化物）を溶解する。

例 $CuO + 2HCl \longrightarrow CuCl_2 + H_2O$

ここまでやったら 別冊 P. 10 へ

理解できたものに，☑チェックをつけよう。

- □ 17族元素は二原子分子で存在。
- □ 17族元素の単体の酸化力は，$F_2 > Cl_2 > Br_2 > I_2$の順に強い。
- □ 常温において，F_2，Cl_2は気体，Br_2は液体，I_2は固体として存在する。
- □ Cl_2は刺激臭のある黄緑色の気体。水に少し溶け，空気より重いので下方置換で捕集する。
- □ Cl_2は酸化作用があり，金属と反応。ヨウ化カリウムデンプン紙を青く変えたり，漂白・殺菌作用を示す。
- □ Cl_2は光を当てるとH_2と爆発的に反応し，塩化水素HClを生成する。
- □ Cl_2は酸化マンガン(Ⅳ)に濃塩酸を加えて加熱することで得られる。
- □ Br_2は常温で赤褐色の液体。
- □ I_2は常温で黒紫色の結晶。昇華性がある。
- □ ハロゲン化水素のうち，HFは弱酸であり，HCl，HBr，HIは強酸である。
- □ ハロゲン化水素の沸点・融点の高さは$HCl < HBr < HI < HF$
- □ HFは水素結合をする。
- □ HClは下方置換で捕集し，アンモニアに触れると白煙を生じる。

Chapter

4

16族元素（酸素・硫黄）

Chapter 4

16族元素（酸素・硫黄）

はじめに

16族元素には，酸素O，硫黄S，セレンSe，テルルTe，ポロニウムPoがありますが，中でも酸素O，硫黄Sについて見ていきましょう。

酸素については，酸素分子O_2と，その同素体であるオゾンO_3の性質や製法について見ていきます。
どちらも生物が地球上で生きていくには欠かせない物質であることがわかるはずです。

硫黄Sは，有毒な化合物となることが多いです。
まずはその単体（3種類あります）の性質について触れたあと，
各化合物の性質と製法を，キャラクターや図でイメージをしながら覚えていきましょう。

この章で勉強すること

酸素Oと硫黄Sにまつわる単体，化合物の性質を，キャラクターや図を用いて覚えていきます。

宇宙一
わかりやすい
ハカセの
Introduction

酸素については O_2, O_3
硫黄については単体（3 種類），
硫化水素，二酸化硫黄，
硫酸（希・濃）の製法や
性質についてお話しします。

4-1　酸素（その1）

ココをおさえよう！

酸素O_2は過酸化水素水を分解して生成される。

みなさんご存知の**酸素O_2**。

酸素O_2は空気中に約21％（体積で）含まれており，私たち生物は呼吸をして酸素O_2を体内に取り入れ，エネルギーを取り出して生きています。

補足　例えば次のように，糖を酸素によって燃焼させエネルギーを取り出しています。

$$C_6H_{12}O_6 + 6O_2 \longrightarrow 6CO_2 + 6H_2O \text{（＋エネルギー）}$$

酸素は，実験室では，**酸化マンガン（Ⅳ）MnO_2**を触媒として**過酸化水素水H_2O_2を分解する**ことによって作られます。

$$2H_2O_2 \xrightarrow{MnO_2} 2H_2O + O_2\uparrow$$

また，酸素O_2のもととなっている酸素元素Oの**クラーク数**は，元素の中で最も大きいのです（酸素O_2くんは，地球でいちばんの有名人ということになりますね）。

元素	O	Si	Al	Fe	Ca	Na	K	Mg
クラーク数	49.5	25.8	7.56	4.70	3.39	2.63	2.40	1.93

クラーク数とは，地表付近や大気圏内に存在する元素の存在率（質量％）のことです。クラーク数が最も大きいということは，地球上に最も多く存在しているということです。

4

酸素 O_2

生体内で酸素を使って
エネルギーを取り出している。
$C_6H_{12}O_6 + 6O_2 \longrightarrow 6CO_2 + 6H_2O$
（＋エネルギー）

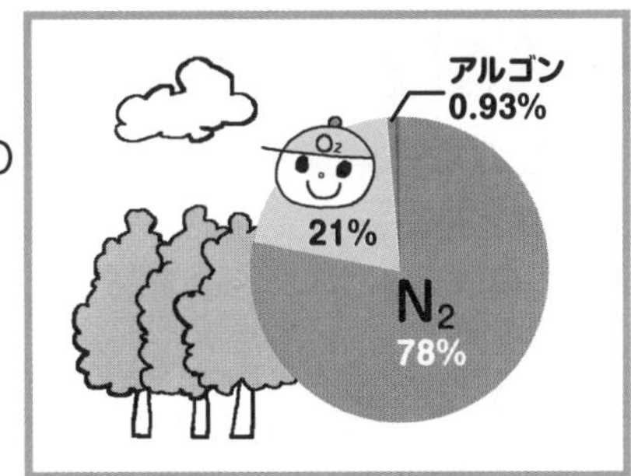

製法 酸化マンガン(Ⅳ)を触媒として，過酸化水素水を分解する。

$$2H_2O_2 \xrightarrow[\text{触媒}]{MnO_2} 2H_2O + O_2\uparrow$$

酸素の特徴 •酸素元素 O のクラーク数は元素の中で最も大きい。

元素	O	Si	Al	Fe	Ca	Na	K	Mg	…
クラーク数	49.5	25.8	7.56	4.70	3.39	2.63	2.40	1.93	…

クラーク数：地表付近や大気圏内に存在する元素の存在率(質量%)のこと。

4-2 酸素(その2)

ココをおさえよう!

酸素の単体は酸素O_2とオゾンO_3

酸素の単体には，**酸素O_2**と**オゾンO_3**があります。

単体とはなんのことか覚えているでしょうか?
そう,「ただ1種類の元素からなる物質」のことでしたね。
酸素もオゾンも，Oという1種類の元素からなっているので，単体です。

この酸素とオゾンは，互いに**同素体**でもあります。

同素体とはなんのことか覚えているでしょうか?
そう,**「同じ元素からなる単体のうち，性質の異なる物質どうし」のこと**でしたね。
酸素とオゾンは，同じOという元素からなる同素体です。

さて，この酸素とオゾン，似ているようで全然違います。
酸素くんは比較的おとなしい性質である一方,
オゾンくんは激しい性質を持っているイメージです。

それでは，4-3でオゾンについてくわしく見ていきましょう。

4

酸素の単体…酸素 O_2 とオゾン O_3

単体とは：ただ 1 種類の元素からなる物質。

同素体とは：同じ元素からなる単体のうち，
性質の異なる物質どうしのこと。

**激しいほうのオゾン O_3 について
次ページでくわしく見ていきましょう**

4-3 オゾン

ココをおさえよう！

オゾンは特有のにおいのある，淡青色の気体。

オゾン O_3 は，**酸素 O_2 に紫外線を当てる**か，乾いた空気中での**無声放電**※によって生成されます。

$$3O_2 \longrightarrow 2O_3$$

※ 板状の誘電体と金属を，一定の間隔で配置し，その間に交流電圧をかけたときに起こる放電のこと。放電時に音が出ないので無声放電という。

オゾンは**特有のにおい**（**特異臭**）がある，**淡青色の気体**です。
（ちなみに，酸素くんは無色・無臭でした）

酸化作用があるので，塩素 Cl_2 と同じく，湿った**ヨウ化カリウムデンプン紙を青変させたり，繊維の漂白や，空気や飲料水の殺菌**などをします。
（オゾンにばったり出くわすと，ヨウ化カリウムデンプン紙は真っ青に！
繊維の顔は蒼白，バイ菌は殺菌されてしまいます。Cl_2 と同じ性質ですね。p.67を復習しましょう。）

ヨウ化カリウム（デンプン紙）との反応は以下の通りです。

$$2KI + H_2O + O_3 \longrightarrow 2KOH + I_2 + O_2$$

さて，こんなオゾンですが，実は**オゾン層を形成し，紫外線から生物を守る**役割もしています。
酸素だけでなく，オゾンも生物が生きていくうえで欠かすことのできない物質なのですね。酸素とオゾンの活躍に，感謝です！

Point ・・・オゾン O_3 の性質

◎ 酸素 O_2 に紫外線を当てたり，無声放電により生成する。
◎ 特有のにおい（特異臭）のある淡青色の気体。
◎ 酸化作用により，ヨウ化カリウムデンプン紙を青変させる。
◎ 酸化作用を持ち，漂白・殺菌をする。

オゾン O_3

製法

酸素 O_2 に紫外線を当てるか，乾いた空気中で無声放電する。

$$3O_2 \longrightarrow 2O_3$$

性質

- 特有のにおい（特異臭）がある，淡青色の気体。

- 湿ったヨウ化カリウムデンプン紙を青変させる。

$$2KI + H_2O + O_3 \longrightarrow 2KOH + I_2 + O_2$$

- 繊維を漂白したり，空気や飲料水を殺菌。

- オゾン層を形成し，紫外線から生物を守る。

ここまでやったら
別冊 P. 11 へ

4-4 硫黄の単体

ココをおさえよう！

硫黄の単体には，斜方硫黄，単斜硫黄，ゴム状硫黄の3種類がある。

硫黄元素Sを含む化合物は，人体に有害なものが多いです。
まるで硫黄元素Sは，悪さをするエイリアンのような元素です。

まずは，単体を見てみましょう。
硫黄の単体には，**斜方硫黄**，**単斜硫黄**，**ゴム状硫黄**の主に3種類があり，
それぞれ，次のような性質があります。

◆斜方硫黄
黄色い八面体の結晶。環状分子S_8からなる。**常温で安定**。

◆単斜硫黄
黄色い針状の結晶。環状分子S_8からなる。95.5℃以上で安定。

◆ゴム状硫黄
褐色のゴム状固体。鎖状分子S_xからなる。不安定。

その他，硫黄の単体は空気中で点火すると青白い炎を上げて燃焼し，有毒の二酸化硫黄SO_2になったりします。

$$S + O_2 \longrightarrow SO_2$$

(怒らせるとこわいですね……。SO_2についてはp.96で扱います)

また，高温では，**金・白金を除く多くの元素と反応**し，**硫化物**となります。

例：$Fe + S \longrightarrow FeS$

(多くの元素を巻き込みます。困った物質だこと……)

硫黄 S

単体…3種類ある。

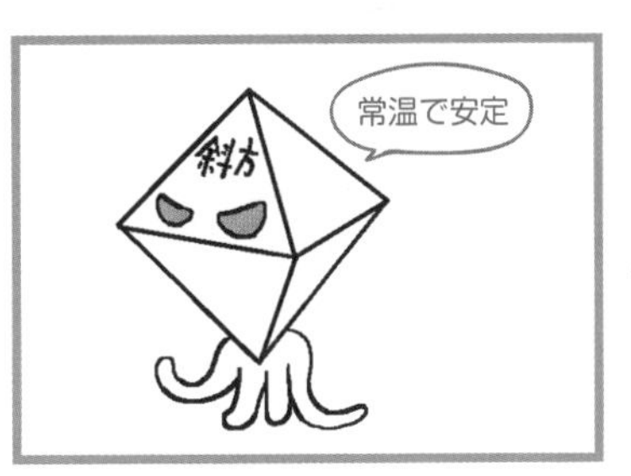

■**斜方硫黄**：黄色い八面体の結晶。
環状分子 S_8 からなる。
常温で安定。

■**単斜硫黄**：黄色い針状の結晶。
環状分子 S_8 からなる。
95.5℃以上で安定。

■**ゴム状硫黄**：褐色のゴム状固体。
鎖状分子 S_x からなる。
不安定。

単体の性質

・空気中で点火すると
二酸化硫黄 SO_2 になる。

$$S + O_2 \longrightarrow SO_2$$

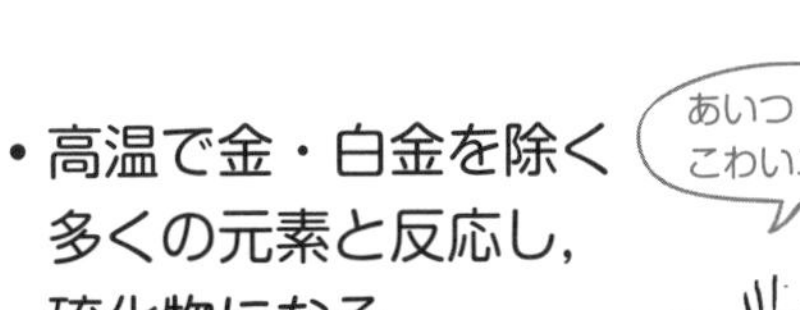

・高温で金・白金を除く
多くの元素と反応し，
硫化物になる。

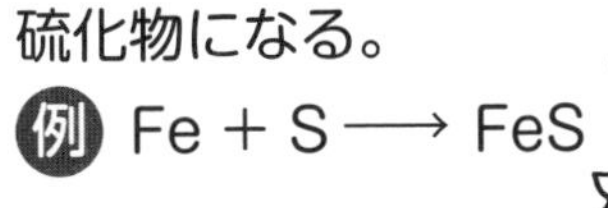

例 $Fe + S \longrightarrow FeS$

4-5 硫化水素(その1)

ココをおさえよう!

硫化水素は無色・腐卵臭の気体で，水に溶けて弱酸性を示す。

次は硫黄の化合物について見てみましょう。
あら，さっそく，硫黄元素Sは水素元素Hを巻き込み，
硫化水素 H_2S を生成したようです。

硫化水素は**無色・腐卵臭**の**有毒な気体**です。
(温泉に入ったときにする，文字通り「腐った卵のにおい」の正体です)

水に溶け，一部が電離して**弱酸性**を示します。
その際には，次のように2段階で電離します。

$$H_2S \rightleftarrows HS^- + H^+$$
$$HS^- \rightleftarrows S^{2-} + H^+$$

この他，**湿った酢酸鉛紙を近づけると，紙を黒変させます**(H_2Sの検出法)。

硫化水素H_2Sは，実験室では**硫化鉄(Ⅱ)FeSに希塩酸(または希硫酸)**を加えることで得られます。

$$FeS + 2HCl \longrightarrow FeCl_2 + H_2S$$

一般に弱酸の塩に強酸を加えると，強酸の塩と弱酸ができます(p.188参照)。
強酸はH^+を放出しやすく，弱酸は放出しにくいので入れ替わってしまうのですね。

Point・・・硫化水素H_2Sの性質

◎ 無色・腐卵臭の有毒な気体。
◎ 水に溶けて弱酸性を示す(2段階で電離)。
◎ 湿った酢酸鉛紙を黒変させる。
◎ 硫化鉄(Ⅱ)に希塩酸(または希硫酸)を加えて生成する。

硫化水素 H_2S

性質

- 無色・腐卵臭の有毒な気体。

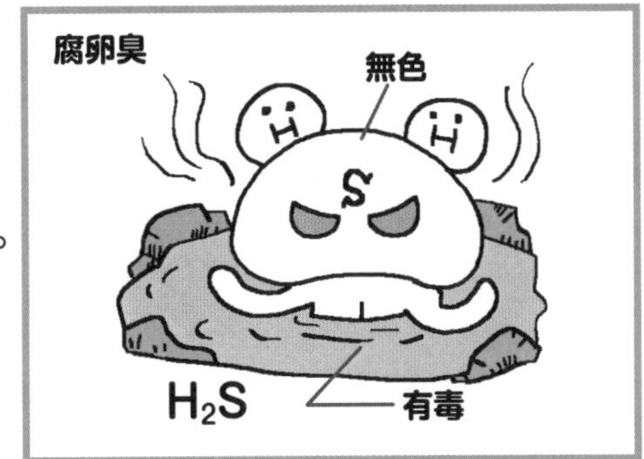

- 水に溶けて２段階で電離し，弱酸性を示す。

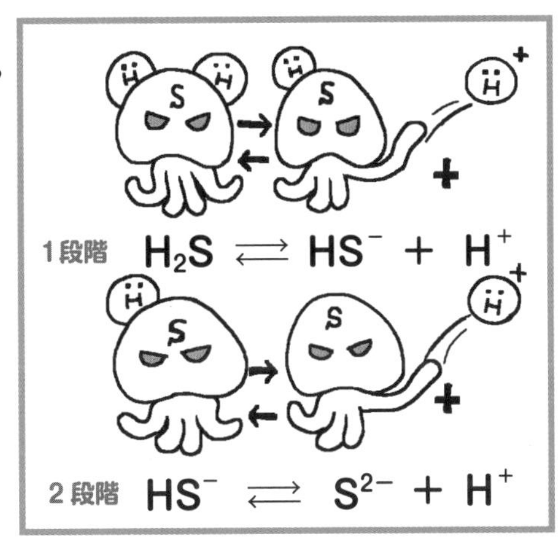

- 湿った酢酸鉛紙を黒変させる。

製法

硫化鉄(Ⅱ)に希塩酸を加える。

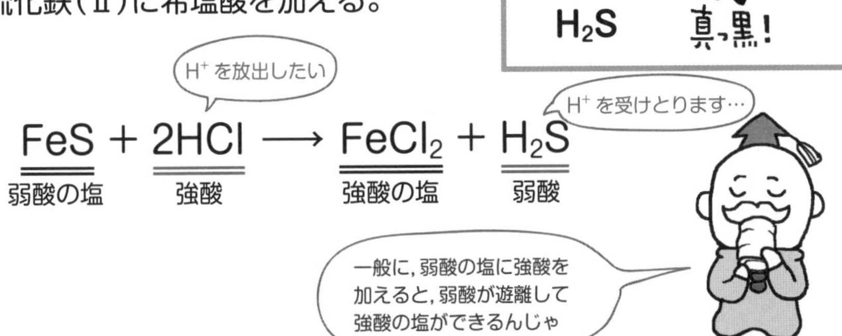

4-6 硫化水素（その2）

ココをおさえよう！

硫化水素は還元性があり，酸性や中性・塩基性で反応する物質が決まっている。

さて，ここで硫化水素H_2Sの持つ大事な特徴を2点紹介します。

硫化水素の持つ大事な特徴① **強い還元性**

硫化水素は自身は酸化されて（水素イオンH^+や電子e^-を放出して），単体の硫黄に戻りたがる性質があります。

$$H_2\underline{\underline{S}} \longrightarrow \underline{\underline{S}} + 2H^+ + 2e^-$$

（酸化数：−2）（酸化数：0）

例：$2KMnO_4 + 3H_2SO_4 + 5\underline{H_2S} \longrightarrow K_2SO_4 + 2MnSO_4 + 8H_2O + 5S$

硫化水素の持つ大事な特徴②
金属イオンを含んだ水溶液に硫化水素を通じると，金属の**硫化物が沈殿**する。

ただし，**イオンの種類によって沈殿の生じるpHが異なる**ので，注意が必要です。
（この性質を利用して金属イオンの分離を行います。
くわしくはChapter 12にまとめてあります！）

どんな液性でも沈殿するもの（酸性，中性，塩基性，どれでも沈殿）	Ag_2S，PbS，HgS，CuS，CdS（黄色），SnS（褐色）
酸性では沈殿しないもの（中性，塩基性にすると沈殿）	ZnS（白色），NiS，MnS（淡赤色），FeS
沈殿しないもの	Na^+，K^+，Ca^{2+}，Ba^{2+}，Mg^{2+}

この際生じる**硫化物は基本的に黒色ですが，**
一部黒色以外の沈殿になるので，覚えておくといいでしょう。
ZnS（白色），**CdS**（黄色），**MnS**（淡赤色），**SnS**（褐色）

硫化水素の特徴①

強い還元性

$$H_2\underline{\underline{S}} \longrightarrow \underline{\underline{S}} + 2H^+ + 2e^-$$

（酸化数：−2）（酸化数：0）

自身が酸化＝相手を還元

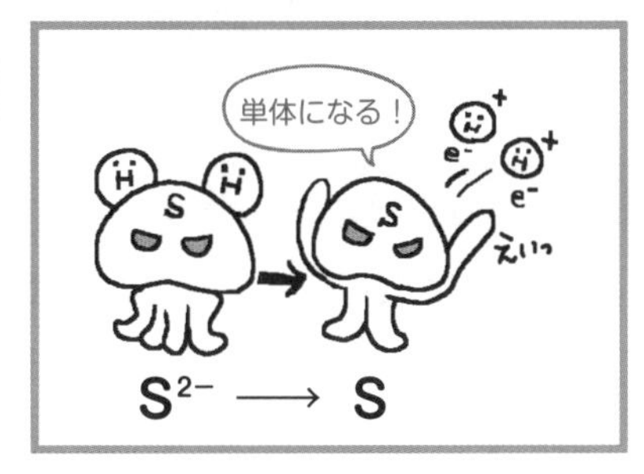

$$2\underline{\underline{KMnO_4}} + 3H_2SO_4 + 5\,\underline{\underline{H_2S}}$$

酸化剤　　　還元剤

$$\longrightarrow K_2SO_4 + 2MnSO_4 + 8H_2O + 5S$$

硫化水素の特徴②

：金属イオンを含んだ水溶液に通じると，金属の**硫化物が沈殿**。

酸性だと沈殿しないイオンがあるんだね

どんな液性でも，沈殿するもの	Ag_2S，PbS，HgS，CuS，CdS（黄色），SnS（褐色）
酸性では沈殿しないもの（中性，塩基性にすると沈殿）	ZnS（白色），NiS，MnS（淡赤色），FeS
沈殿しないもの	Na^+，K^+，Ca^{2+}，Ba^{2+}，Mg^{2+}

白色　黄色　淡赤色　褐色

他は黒色

沈殿の色は覚えるんじゃ！

ここまでやったら 別冊 P. 12 へ

4-7 二酸化硫黄

ココをおさえよう!

二酸化硫黄 SO_2 は無色で刺激臭のある有毒な気体。

次は**二酸化硫黄 SO_2** について。
二酸化硫黄は**無色・刺激臭**の**有毒な気体**です。
(やはり,二酸化硫黄も有毒な気体のようですね)

この二酸化硫黄にも**還元性**があり,絹や羊毛などの漂白剤として用いられます。

$SO_2 \longrightarrow SO_4^{2-}$
(酸化数:+4) (酸化数:+6)

例:$SO_2 + I_2 + 2H_2O \longrightarrow H_2SO_4 + 2HI$

注意点

二酸化硫黄は一般的には還元剤として用いられますが,注意すべきは
硫化水素 H_2S との反応においては,酸化剤としてはたらくということです。
それだけ,硫化水素の還元性が強い,ということですね。

$SO_2 \longrightarrow S$
(酸化数:+4) (酸化数:0)

反応式:$SO_2 + 2H_2S \longrightarrow 3S + 2H_2O$

この二酸化硫黄は,**銅に濃硫酸を加えて加熱**することで得られます※。

$Cu + 2H_2SO_4 \longrightarrow CuSO_4 + 2H_2O + SO_2$

※ 銅と酸との反応に関しては,p.260を参照のこと。

二酸化硫黄 SO_2

性質

・無色・刺激臭の有毒な気体。

・還元性があり，
漂白剤として利用。

SO_2 ⟶ SO_4^{2-}
（酸化数：＋4）　（酸化数：＋6）

例 $SO_2 + I_2 + 2H_2O \longrightarrow H_2SO_4 + 2HI$
（SO_2：還元剤，I_2：酸化剤）

注意

硫化水素 H_2S との反応では酸化剤になる。

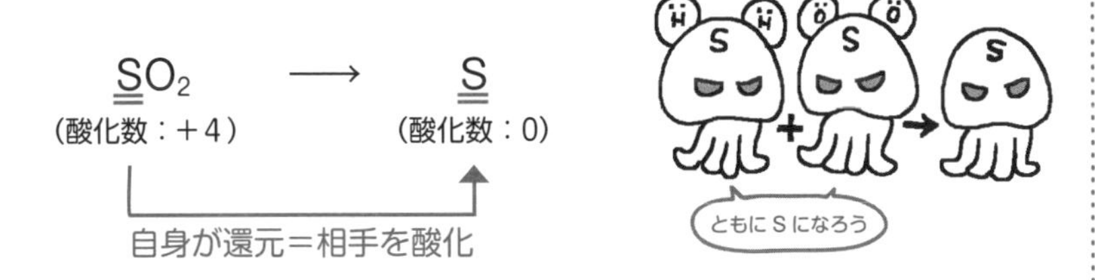

反応式： $SO_2 + 2H_2S \longrightarrow 3S + 2H_2O$

製法

・銅に濃硫酸を加えて加熱する。

$Cu + 2H_2SO_4 \longrightarrow CuSO_4 + 2H_2O + SO_2$

ここまでやったら
別冊 P. 13 へ

4-8 硫酸

ココをおさえよう！

濃硫酸の生成法を接触法という。

さて，先ほど出てきた二酸化硫黄SO_2はさらに，
酸化バナジウム（V）V_2O_5を触媒として**酸素と反応する**ことで，
三酸化硫黄SO_3になります。

$$2SO_2 + O_2 \xrightarrow{V_2O_5} 2SO_3$$

こうしてできた三酸化硫黄を**濃硫酸に吸収**させて**発煙硫酸**とします。

$$SO_3 + H_2O\text{（濃硫酸中の水）} \longrightarrow H_2SO_4\text{（発煙硫酸）}$$

そして発煙硫酸を希硫酸で薄めて濃硫酸にします。

このような方法（$SO_2 \longrightarrow SO_3 \longrightarrow H_2SO_4$）を**接触法**といいます。
こうして，**硫酸H_2SO_4**が作られるのです。

硫酸は，硫黄元素Sの作る物質の“最終形態”とでもいえましょう。
（とっても悪そうな形相をしていますね……）

濃硫酸

製法

まずは，二酸化硫黄 SO_2 と酸素を，酸化バナジウム(Ⅴ) V_2O_5 を触媒として反応させることで三酸化硫黄 SO_3 を生成。

$$2SO_2 + O_2 \xrightarrow{V_2O_5} 2SO_3$$

こうしてできた三酸化硫黄を濃硫酸に吸収させて，発煙硫酸とし，希硫酸で薄めて濃硫酸にする。

$SO_3 + H_2O$（濃硫酸中の水）$\longrightarrow H_2SO_4$（発煙硫酸）

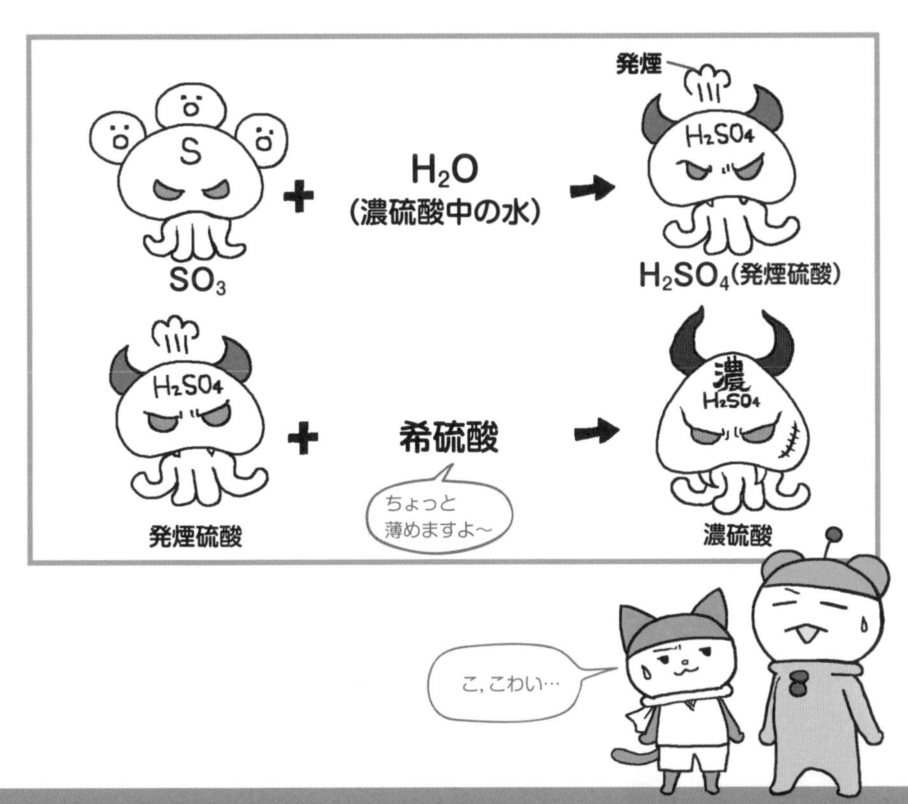

4-9 濃硫酸

ココをおさえよう！

濃硫酸は不揮発性の液体で，吸湿性や脱水性，酸化作用がある。

硫酸H_2SO_4とはいっても，実は**濃硫酸**と**希硫酸**という2種類があります。
この2つは文字通り，濃さに違いがあり，**濃度90%以上**の硫酸水溶液を濃硫酸，それ以下のものを希硫酸といいます（希硫酸についてはp.104で説明します）。

◆濃硫酸の性質：

① 無色で粘性のある重い液体で，**不揮発性**です。
（濃硫酸はどっしりと構える液体です）

不揮発性とは，沸点が高いため，蒸発しない性質のことをいいます。
濃硫酸に不揮発性があるのは，分子どうしが水素結合を形成しているからだと考えられています。

ちなみに，**揮発性の酸はHCl，HNO_3，HFの3つ**を，
不揮発性の酸は濃硫酸だけを覚えておくとよいでしょう。

もし揮発性の酸の瓶を開けたまま放置しておくと，酸はどんどん蒸発し，飛んでいってしまいます。
一方，濃硫酸は，瓶を開けたままにしておいても蒸発していきません。

濃硫酸の性質はp.102にも続きます。

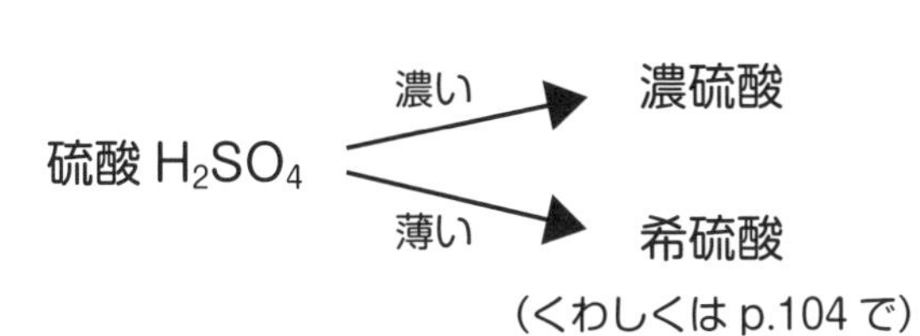

濃硫酸

性質

① **無色で粘性のある重い液体。**
不揮発性。

※ 不揮発性とは，蒸発しない性質のこと。
水素結合が原因であると考えられている。

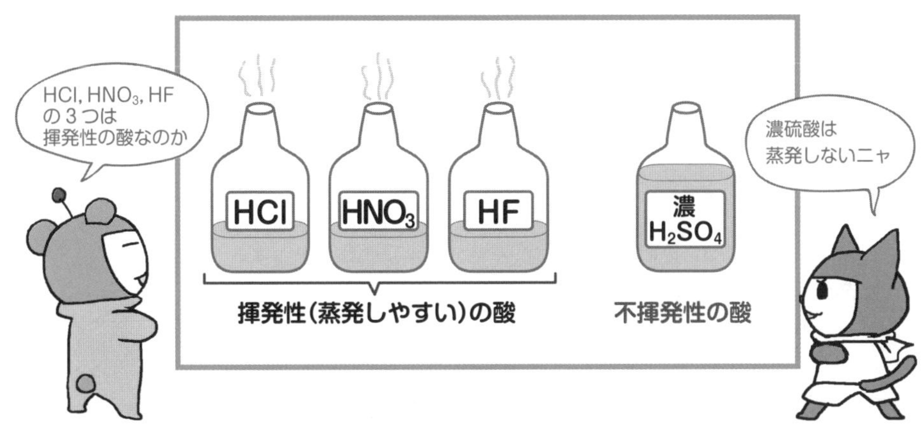

さて，濃硫酸の性質の続きです。

② **吸湿性**があるので**乾燥剤などに用いられます**。
ただし，酸性の乾燥剤ですので，塩基性の気体（アンモニアNH_3など）を乾燥するときに用いることはできません。

③ セルロース（紙の成分）などの有機化合物から，
HとOを2：1の割合で奪う**脱水性**があります。

$$(C_6H_{10}O_5)_n \xrightarrow[\text{濃}H_2SO_4]{} 6nC + 5nH_2O$$

（紙が炭化され，真っ黒になります！）

④ 加熱すると，強い**酸化作用**を示し，H_2よりもイオン化傾向の小さい銅や銀なども溶かします（金属と酸との反応について，くわしくはp.36～43へ）。
例：$Cu + 2H_2SO_4$（熱濃硫酸）$\longrightarrow CuSO_4 + 2H_2O + SO_2$

この反応式の作りかたは理論化学の復習になります。
（『宇宙一わかりやすい高校化学　理論化学　改訂版』のp.174～179参照）

【暗記】 $Cu \longrightarrow Cu^{2+} + 2e^-$ ……①
$H_2SO_4 \longrightarrow SO_2$ ……②

②式の半反応式を完成させます。

$H_2SO_4 \longrightarrow SO_2 + 2H_2O$
（Oの数をH_2Oで合わせる）

⇒ $H_2SO_4 + 2H^+ \longrightarrow SO_2 + 2H_2O$
（Hの数をH^+で合わせる）

⇒ $H_2SO_4 + 2H^+ + 2e^- \longrightarrow SO_2 + 2H_2O$ ……③
（電荷をe^-で合わせる）

①，③式より
$Cu + H_2SO_4 + 2H^+ \longrightarrow Cu^{2+} + SO_2 + 2H_2O$ ……④
④式の両辺にSO_4^{2-}を加えて完成です。
$Cu + 2H_2SO_4 \longrightarrow CuSO_4 + SO_2 + 2H_2O$

酸化還元反応の反応式の作りかた，覚えてましたか？
よくわからなかった人は，もう一度理論化学を確認しておきましょう。

性質

② 吸湿性があり，乾燥剤などに用いられる。

③ 脱水性がある。

$$(C_6H_{10}O_5)_n \xrightarrow[\text{濃 } H_2SO_4]{} 6nC + 5nH_2O$$

〔吸湿性〕

〔脱水性〕

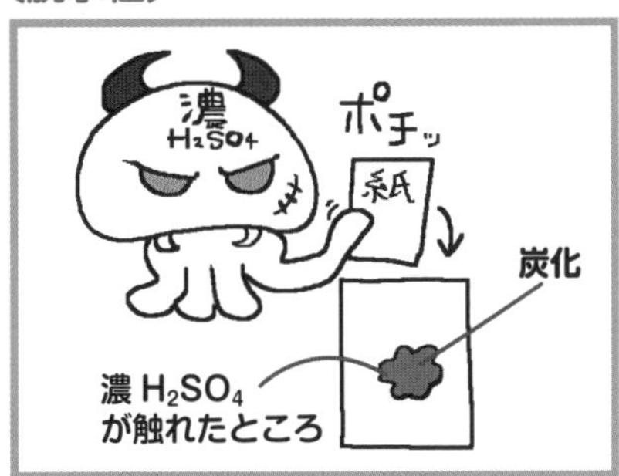

④ 加熱すると強い酸化作用を示す。

⟶ H_2よりもイオン化傾向の小さい銅Cu，銀Agなども溶かす。

例 $Cu + 2H_2SO_4 \longrightarrow CuSO_4 + SO_2 + 2H_2O$

4-10 希硫酸

ココをおさえよう！

希硫酸は強酸で，H_2よりもイオン化傾向の大きい金属を溶かす。

◆希硫酸の性質：
大量の水に硫酸分子が溶けているので，**酸化作用や吸湿作用，脱水作用は示しませんが**，電離度が高く，**強い酸性**を示します（希硫酸は**強酸**）。

よって，イオン化傾向がH_2よりも大きな金属は溶かします。
（金属と酸との反応について，くわしくはp.36～43へ）

例：$Fe + H_2SO_4 \longrightarrow FeSO_4 + H_2$

補足 ちなみに，代表的な強酸には**塩酸 HCl**，**硝酸 HNO_3**，**硫酸 H_2SO_4**の3種類があり，それぞれ頭文字を取って「炎症，竜」と覚えるといいでしょう。

希硫酸を作る際には，**水の中に濃硫酸をゆっくり加えます**。
逆に濃硫酸に水を注ぐと，大量の溶解熱が発生することで水が突沸（急激に沸騰）し，濃硫酸を周りに飛び散らすので，とても危険です。

Point … 濃硫酸と希硫酸の性質

◆ 濃硫酸：
◎ 不揮発性で粘性のある液体。
◎ 吸湿性や脱水性がある。
◎ 加熱すると酸化作用があり，水素H_2よりもイオン化傾向の小さい金属も溶かす。
◆ 希硫酸：
強い酸性を示し，水素H_2よりもイオン化傾向の大きい金属を溶かす。

希硫酸

性質

- 強い酸性（強酸）。

→ イオン化傾向が H_2 よりも大きい金属は溶かす。

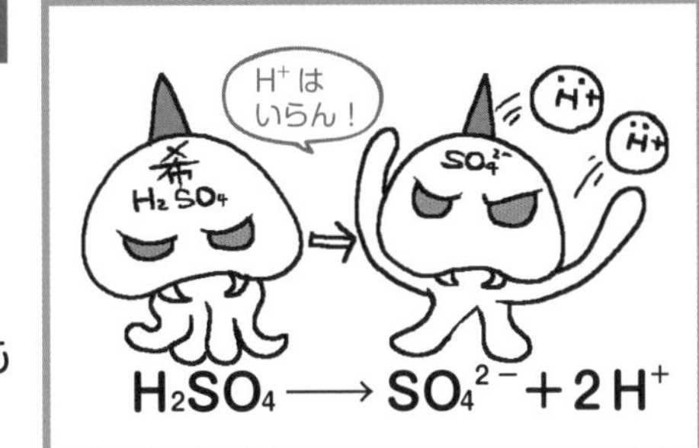

⇓

イオン化傾向

Li K Ca Na Mg Al Zn Fe Ni Sn Pb [H_2] Cu Hg Ag Pt Au

例 $Fe + H_2SO_4 \longrightarrow FeSO_4 + H_2$

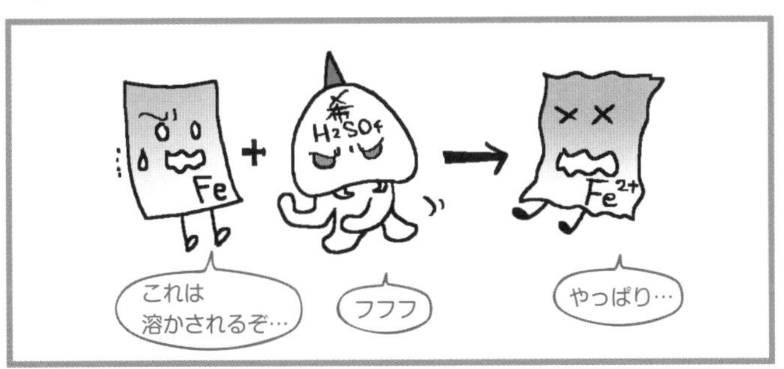

希硫酸の作りかた

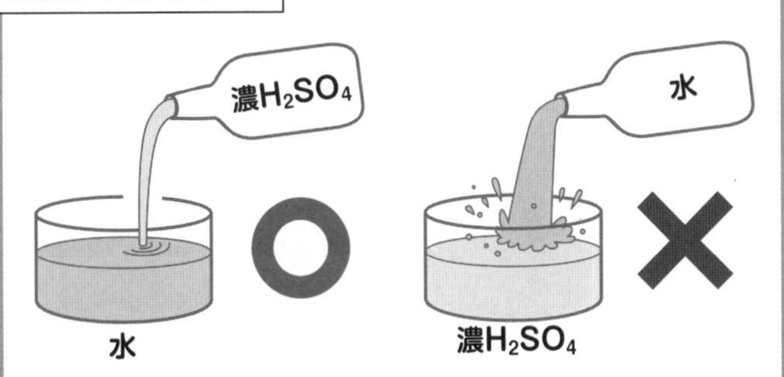

ここまでやったら 別冊 P. 14 へ

理解できたものに，☑チェックをつけよう。

☐ 酸素の単体には，酸素 O_2 とオゾン O_3 がある。

☐ O_2 は酸化マンガン(Ⅳ)を触媒として，過酸化水素水を分解することによって生成される。

☐ O_3 は特有のにおいがある，淡青色の気体。

☐ O_3 には酸化作用があり，ヨウ化カリウムデンプン紙を青変させたり，漂白・殺菌作用がある。

☐ 硫黄の単体には，斜方硫黄，単斜硫黄，ゴム状硫黄がある。

☐ H_2S は無色・腐卵臭の有害な気体。

☐ H_2S は，湿った酢酸鉛紙を黒変させる。

☐ H_2S は強い還元性があり，金属イオンを含んだ水溶液に通じると，硫化物が沈殿する。

☐ 硫化物のうち，ZnS は白色，CdS は黄色，MnS は淡赤色，SnS は褐色であり，その他は黒色である。

☐ SO_2 は無色・刺激臭の有毒な気体で，還元性がある。

☐ 濃硫酸は不揮発性の液体で，酸化作用や脱水性がある。

☐ 希硫酸は強酸であり，H_2 よりイオン化傾向の大きい金属と反応する。

さっきからおぬしたち
ばっかり銃を撃って…

いじけないで！
次はハカセが
撃っていいニャ

撃ちたいなら
いえばよかったのに

Chapter

5

15族元素（窒素・リン）

15族元素（窒素・リン）

はじめに

15族元素には，窒素N，リンP，ヒ素As，アンチモンSb，ビスマスBiがありますが，ここでは窒素N，リンPについて見ていきましょう。

窒素Nについては，単体N_2が空気中に最も多くの割合で存在しているほか，
アンモニアNH_3，一酸化窒素NO，二酸化窒素NO_2，硝酸HNO_3などの
さまざまな化合物が話題になります。
それぞれについて，キャラクターやメカニズムを図化することで，
単純に暗記するだけでなく，頭に残りやすい形で解説していきます。

一方，リンPは，２種類の単体が最も重要で，
その他に十酸化四リンP_4O_{10}やリン酸H_3PO_4について簡単に解説します。

この章で勉強すること

窒素NとリンPにまつわる単体，化合物の性質を，キャラクターや図を用いて覚えていきます。

宇宙一
わかりやすい
ハカセの
Introduction

5-1 窒素の単体

ココをおさえよう！

窒素分子N_2は三重結合なのでとても安定な分子。

窒素元素Nは，田舎生まれの静かな少年のような元素。

窒素分子N_2は，**無色・無臭の気体**で，**空気の約78％を占めている**のはよく知られていることですね。
またN_2は**非常に安定した気体**という特徴があります。
（田舎生まれなので，とてもおっとり（安定）しています）

どうしてこのように窒素N_2は安定しているかというと，
窒素原子どうしが**三重結合**でがっちり結合していて，
なかなかこの結合が切れないからです。

$N \equiv N$　（三重結合）

化学反応というのは，いってしまえば「結合が切れて新しい結合ができること」ですので，結合の切れない窒素分子N_2は安定なのです。

ちなみに，**窒素は亜硝酸アンモニウムNH_4NO_2を熱分解することで得られます。**
水に溶けにくいため，水上置換で捕集します。

$$NH_4NO_2 \longrightarrow 2H_2O + N_2$$

窒素N_2

- 無色・無臭で，非常に安定した気体。

なぜ安定？

窒素原子が三重結合をしているから

$N \equiv N$

- 空気中で約78%を占める。

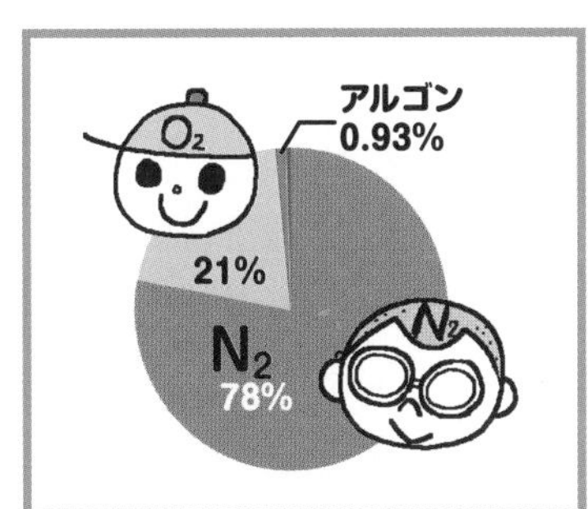

製法

- 亜硝酸アンモニウムを熱分解する。

$$NH_4NO_2 \longrightarrow 2H_2O + N_2$$

5-2 アンモニア

ココをおさえよう！

アンモニアは無色で強い刺激臭を持つ気体。

窒素元素Nは，Hと結合して**アンモニア NH_3** になります。
アンモニア NH_3 は**無色で強い刺激臭を持つ気体**です。
（元素Nは田舎生まれなので，よく畑仕事のお手伝いをしますが，そのときによく肥やしを使うので，ツンとしたにおいが体に染みついてしまったのですね）

アンモニアは，**水によく溶け**，**弱塩基性**を示します。

$$NH_3 + H_2O \rightleftarrows NH_4^+ + OH^-$$

また，塩化水素HClに触れると**白煙（NH_4Cl）**を生じます。

$$NH_3 + HCl \longrightarrow NH_4Cl$$

Point・・・アンモニア NH_3

「刺激臭のある塩基性の気体で，水に溶けやすい」
といわれたら，アンモニア NH_3

アンモニアNH_3

性質

・無色で強い刺激臭を持つ気体。

・水によく溶け，弱塩基性を示す。

$$NH_3 + H_2O \rightleftarrows NH_4^+ + OH^-$$

・塩化水素 HCl に触れると白煙(NH_4Cl)を生じる。

$$NH_3 + HCl \longrightarrow NH_4Cl$$

（白煙）

5-3 アンモニアの製法

ココをおさえよう！

アンモニアは，工業的にはハーバー・ボッシュ法によって生成される。

アンモニアNH_3は，実験室では，**塩化アンモニウムNH_4Clに水酸化カルシウム$Ca(OH)_2$を加えて熱する**ことで得られます。

$$2NH_4Cl + Ca(OH)_2 \longrightarrow CaCl_2 + 2H_2O + 2NH_3$$

発生したアンモニアを捕集する際に注意することは，以下の3点です。

① **試験管の口を少し下げる。**
発生した冷たい水が加熱部に流れ，試験管が割れてしまうことを防ぐため。
（熱くなったガラスは急冷すると割れてしまいます）

② **ソーダ石灰を用いて気体を乾燥させる。**
アンモニアは**塩基性**の気体なので，**塩基性の乾燥剤**を使う。
（酸性の乾燥剤を使うと反応してしまうので不適当です）

③ **上方置換を用いて捕集する。**
空気よりも軽く，水に溶けやすいため。

アンモニアを工業的に発生させる際には，四酸化三鉄Fe_3O_4を触媒とし，窒素N_2と水素H_2を高圧のもとで直接反応させます。
これを**ハーバー・ボッシュ法**（または，**ハーバー法**）といいます。

$$N_2 + 3H_2 \xrightarrow{Fe_3O_4} 2NH_3$$

Point ・・・アンモニアNH_3の性質

◎ 無色で強い刺激臭がある，塩基性の気体。
◎ 塩化水素に触れると白煙を生じる。
◎ 水に非常に溶けやすく，空気よりも軽いため，上方置換で捕集する。
◎ 工業的には，ハーバー・ボッシュ法によって生成される。

アンモニアNH_3の製法

・実験室：塩化アンモニウムに，水酸化カルシウムを加えて加熱する。

$$2NH_4Cl + Ca(OH)_2 \longrightarrow CaCl_2 + 2H_2O + 2NH_3$$

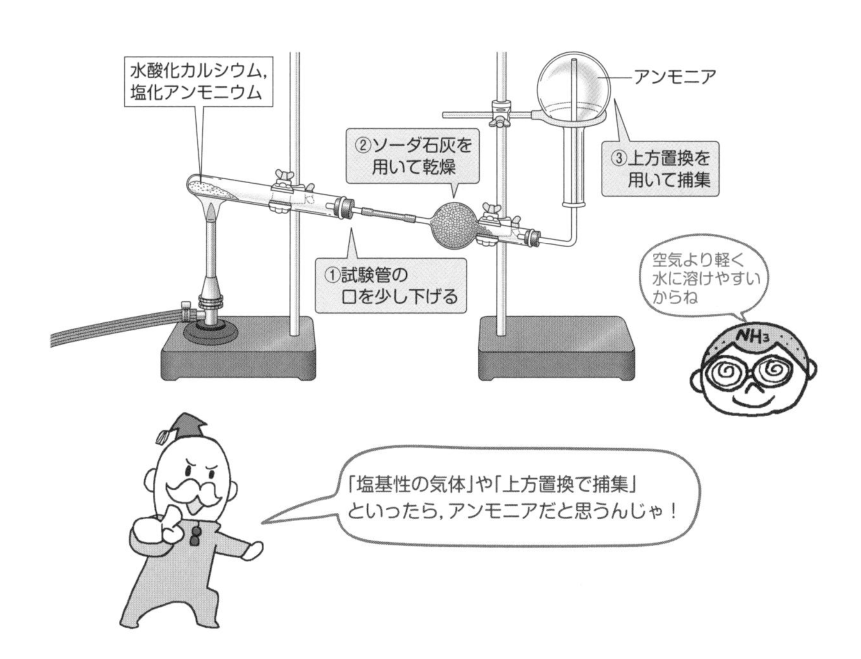

・工業的：ハーバー・ボッシュ法（ハーバー法）

$$N_2 + 3H_2 \xrightarrow{Fe_3O_4} 2NH_3$$

ここまでやったら
別冊 P. 15へ

5-4 一酸化窒素

ココをおさえよう！

一酸化窒素NOは酸素に触れると，二酸化窒素NO_2になる。

窒素元素Nは，1つの酸素元素Oと結合して**一酸化窒素NO**になります。

一酸化窒素NOは，**無色の気体**で，**水に溶けにくい**性質を持っています。
酸素O_2に触れると直ちに二酸化窒素NO_2（赤褐色）となります。
（田舎育ちの純朴な少年が，外に出て都会に染まり髪を赤くしてしまいます）

$$2NO + O_2 \longrightarrow 2NO_2$$

製法ですが，実験室では**銅に希硝酸を反応させる**ことで発生します。

$$3Cu + 8HNO_3 \longrightarrow 3Cu(NO_3)_2 + 4H_2O + 2NO$$

水に溶けにくいので，水上置換で捕集します。
（水泳は得意なようですね）

また，工業的には，空気中で火花放電を行うことで得られます。

$$N_2 + O_2 \longrightarrow 2NO$$

（田舎で広大な土地があるので，夏には花火をするようですね）

Point・・・一酸化窒素NOの性質

◎ 無色・無臭の気体で，水に溶けにくい。
◎ 空気中で酸化され，直ちに二酸化窒素（赤褐色）になる。
◎ 銅に希硝酸を加えることで生成される。

一酸化窒素NO

性質

- 無色の気体で，水に溶けにくい。

- 酸素 O_2 に触れて，
  二酸化窒素 NO_2 になる。

$$2NO + O_2 \longrightarrow 2NO_2$$

製法

- 実験室：銅に希硝酸を反応させる。

$$3Cu + 8HNO_3$$
$$\longrightarrow 3Cu(NO_3)_2 + 4H_2O + 2NO$$

※ 水に溶けにくいので，
水上置換で捕集

- 工業的：空気中で火花放電を行う。 $N_2 + O_2 \longrightarrow 2NO$

5-5 二酸化窒素

ココをおさえよう！

二酸化窒素は，銅に濃硝酸を加えることによって生成される。

先ほど出てきたように，
一酸化窒素NOが酸化することで**二酸化窒素 NO_2**が生成します。

二酸化窒素は**赤褐色・刺激臭**の**有毒な気体**で，
水によく溶けて**硝酸 HNO_3**となり，**強酸性**を示します。

$$3NO_2 + H_2O \longrightarrow 2HNO_3 + NO$$

実験室では，**銅に濃硝酸を加える**ことで生成されます。
（銅に希硝酸だとNO，銅に濃硝酸だとNO_2が発生するんですね）

$$Cu + 4HNO_3 \longrightarrow Cu(NO_3)_2 + 2H_2O + 2NO_2$$

余談ですが，二酸化窒素が有毒といえば，
NOやNO_2などを合わせて**窒素酸化物 NO_x**（ノックス）といいますが，
これらの気体は**地球にとって大変有害**です。
特にNOは車の排ガスに多く含まれており，例えばNOが排出されると空気中でNO_2に酸化され，それが雨水に溶けて強酸性のHNO_3となり，
酸性雨に変わったりします。

Point・・・二酸化窒素NO_2の性質

◎ 赤褐色・刺激臭の有毒な気体。
◎ 水に溶けて硝酸になる。
◎ 銅に濃硝酸を加えることで生成される。

二酸化窒素NO_2

性質

- 赤褐色・刺激臭の有毒な気体。
- 水に溶けて硝酸となり，
  強酸性を示す。

$$3NO_2 + H_2O \longrightarrow 2HNO_3 + NO$$

製法

これは
問題だ…

- 銅に濃硝酸を加えることで生成。

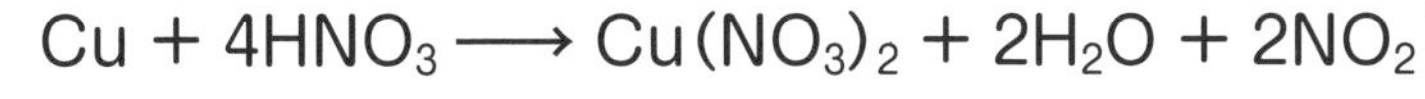

$$Cu + 4HNO_3 \longrightarrow Cu(NO_3)_2 + 2H_2O + 2NO_2$$

酸性雨

ここまでやったら
別冊 P. 16へ

5-6 オストワルト法（硝酸の生成）

ココをおさえよう！

オストワルト法（硝酸の生成法）の化学反応式を書けるようになろう。

硝酸 HNO_3は，窒素元素Nを含む酸で，**強酸性**を示します。
硝酸は工業的には**オストワルト法**という合成法によって生成されます。

以下のような3つの反応式で生成されますが，
①の式（アンモニアの酸化）だけ覚えれば，
あとは今まで出てきた式と同じものになっています。

① $4NH_3 + 5O_2 \longrightarrow \underline{4NO} + 6H_2O$
② $\underline{2NO} + O_2 \longrightarrow 2NO_2$ ……（p.116で出てきましたね）
③ $3NO_2 + H_2O \longrightarrow 2HNO_3 + \underline{NO}$ ……（p.118で出てきましたね）

さて，「この式を1つにまとめてください」という問題もよく出題されます。
そういうときは，上の式の，NOとNO_2に関するところを消していきます。

なぜかというと，先に答えを示しておきますが，
このオストワルト法の式の完成型は

$$NH_3 + 2O_2 \longrightarrow HNO_3 + H_2O \quad ……（*）$$

となり，この式にNOとNO_2が含まれていないからです。

具体的に，どのようにして①～③式から（*）式を作ることができるのか，
p.122で見ていきましょう。

硝酸 HNO_3 の製法

- 工業的：オストワルト法

次の3ステップで生成される。

① $4NH_3 + 5O_2 \longrightarrow 4NO + 6H_2O$

② $2NO + O_2 \longrightarrow 2NO_2$

③ $3NO_2 + H_2O \longrightarrow 2HNO_3 + NO$

Q. この式を1つにまとめてください。

A. 完成式

$$NH_3 + 2O_2 \longrightarrow HNO_3 + H_2O$$

さて，もう一度3つの反応式を書きますね。

① $4NH_3 + 5O_2 \longrightarrow 4NO + 6H_2O$
② $2NO + O_2 \longrightarrow 2NO_2$
③ $3NO_2 + H_2O \longrightarrow 2HNO_3 + NO$

まず，**2つの式にしか含まれていないNO_2を消しましょう。**
（NOは①～③すべての式に含まれているので後回し）

そのためには，②×3＋③×2をすればいいですね。

$$6NO + 3O_2 \longrightarrow 6NO_2 \quad \cdots\cdots (②\times 3)$$
$$+)\ 6NO_2 + 2H_2O \longrightarrow 4HNO_3 + 2NO \quad \cdots\cdots (③\times 2)$$
$$4NO + 3O_2 + 2H_2O \longrightarrow 4HNO_3 \quad \cdots\cdots ④$$

①式＋④式で，NOを消します。

①＋④ $4NH_3 + 8O_2 + 2H_2O \longrightarrow 4HNO_3 + 6H_2O$

⬇ 両辺から$2H_2O$を引きます

$4NH_3 + 8O_2 \longrightarrow 4HNO_3 + 4H_2O$

⬇ 全体を4で割ります

$\mathbf{NH_3 + 2O_2 \longrightarrow HNO_3 + H_2O}$ ……完成！

こうして，オストワルト法の式の完成型ができました。

よく見ると，**オストワルト法はアンモニアの酸化**の式になっていますね。
なので，オストワルト法は**アンモニア酸化法**とも呼ばれているのです。

Point・・・オストワルト法

◎ オストワルト法の式の作りかたは，①～③の式のうち，まずはNO_2を消すことから始める。次に，NOを消す。
◎ オストワルト法は，アンモニア酸化法とも呼ばれ，NH_3に$2O_2$を加える式になっている。

① $4NH_3 + 5O_2 \longrightarrow \underline{4NO} + 6H_2O$

② $\underline{2NO} + O_2 \longrightarrow 2NO_2$

③ $3NO_2 + H_2O \longrightarrow 2HNO_3 + \underline{NO}$

ステップ1　NO_2を消す。

②×3＋③×2

$$\Rightarrow \quad 6NO + 3O_2 \longrightarrow \cancel{6NO_2} \quad \cdots\cdots (②\times3)$$

$$+)\ \cancel{6NO_2} + 2H_2O \longrightarrow 4HNO_3 + 2NO \quad \cdots\cdots (③\times2)$$

$$6NO + 3O_2 + 2H_2O \longrightarrow 4HNO_3 + 2NO$$

$$\Rightarrow \quad 4NO + 3O_2 + 2H_2O \longrightarrow 4HNO_3 \quad \cdots\cdots ④$$

ステップ2　NOを消す。

①＋④

$$\Rightarrow \quad 4NH_3 + 5O_2 \longrightarrow \cancel{4NO} + 6H_2O \quad \cdots\cdots ①$$

$$+)\ \cancel{4NO} + 3O_2 + 2H_2O \longrightarrow 4HNO_3 \quad \cdots\cdots ④$$

$$4NH_3 + 8O_2 + 2H_2O \longrightarrow 4HNO_3 + 6H_2O$$

（$2H_2O$を引く）

$$\Rightarrow \quad 4NH_3 + 8O_2 \longrightarrow 4HNO_3 + 4H_2O$$

（全体を4で割る）

$$\Rightarrow \quad NH_3 + 2O_2 \longrightarrow HNO_3 + H_2O$$

完成！

5-7 硝酸

ココをおさえよう！

硝酸には酸化作用があり，Cu，Hg，Agも溶かすことができる。濃硝酸はAl，Fe，Niに不動態を形成する。

硝酸 HNO_3 の性質を，ここにまとめますね。

前ページまででも説明したように，**硝酸はオストワルト法で生成**されます。

また，硝酸は**無色・揮発性の液体**で，その水溶液も硝酸とよぶことがあります。
濃硝酸・希硝酸のどちらも**強酸性**を示します。

硝酸には**酸化作用**があるので，
FeやZnのように，H_2よりもイオン化傾向の大きい金属だけでなく，
H_2よりもイオン化傾向の小さいCu，Hg，Agも溶解します※。

※ くわしくは，p.40にまとめてあるので，そちらを見てください。

その際には，**H_2は発生せず**，
希硝酸の反応ではNOが，**濃硝酸の反応ではNO_2**が発生します。

$$3Cu + 8HNO_3\text{（希硝酸）} \longrightarrow 3Cu(NO_3)_2 + 2NO + 4H_2O$$
$$Cu + 4HNO_3\text{（濃硝酸）} \longrightarrow Cu(NO_3)_2 + 2NO_2 + 2H_2O$$

この式はp.116～119でも出てきましたね。
式の作りかたは右ページを参照してください。

5

硝酸 HNO_3

性質

- 無色・揮発性の液体。
- その水溶液は強酸性。
- 酸化作用がある。

→ H_2 よりイオン化傾向の小さい
Cu, Hg, Ag も溶解する。

イオン化傾向

Li K Ca Na Mg Al Zn Fe Ni Sn Pb [H_2] Cu Hg Ag Pt Au

例 $3Cu + 8HNO_3$ (希硝酸) $\longrightarrow 3Cu(NO_3)_2 + 2NO + 4H_2O$

$Cu + 4HNO_3$ (濃硝酸) $\longrightarrow Cu(NO_3)_2 + 2NO_2 + 2H_2O$

式の作りかた (希硝酸と銅の反応を例に)

理論化学編の (p.174) でやった酸化還元反応の式じゃ

【暗記】 $Cu \longrightarrow Cu^{2+} + 2e^- \cdots\cdots$ ①

$HNO_3 \longrightarrow NO \cdots\cdots$ ②

②について

【O の数を H_2O で合わせる】 $HNO_3 \longrightarrow NO + 2H_2O$

【H の数を H^+ で合わせる】 $HNO_3 + 3H^+ \longrightarrow NO + 2H_2O$

【電荷を e^- で合わせる】 $HNO_3 + 3H^+ + 3e^- \longrightarrow NO + 2H_2O \cdots\cdots$ ③

濃硝酸のほうも自分で作ってみるニャ

①×3+③×2

➡ $3Cu \longrightarrow 3Cu^{2+} + \cancel{6e^-}$ …… (①×3)

+) $2HNO_3 + 6H^+ + \cancel{6e^-} \longrightarrow 2NO + 4H_2O$ …… (③×2)

$3Cu + 2HNO_3 + 6H^+ \longrightarrow 3Cu^{2+} + 2NO + 4H_2O$

➡ $3Cu + 8HNO_3 \longrightarrow 3Cu(NO_3)_2 + 2NO + 4H_2O$

硝酸は，硫酸と同じように，濃さによって**希硝酸**と**濃硝酸**に分けられ，性質も異なります。

特に，p.38で書いたように，**濃硝酸**は強酸であるにも関わらず，
H_2よりもイオン化傾向の大きいAl，Fe，Niの金属を溶かすことができません。
（希硝酸はこれらの金属を溶かします）
なぜなら表面に緻密（ちみつ）な酸化被膜が生じ，内部が保護されてしまうからです。
これを**不動態**といったんですね。

また，濃硝酸：濃塩酸＝1：3の割合で混合した液体を**王水**といい，
硝酸では溶かすことのできない白金Ptや金Auも溶かすことができます。
Cu，Hg，Agは酸化作用のある酸（濃硝酸，希硝酸，熱濃硫酸）に溶けましたが，
Pt，Auはそれらでは溶けません。
Pt，Auは王水としか反応しないと覚えておきましょう。

Point・・・硝酸HNO_3の性質

◎ 工業的にはオストワルト法で生成される。
◎ 無色・揮発性の液体で，水溶液は強酸性を示す。
◎ 濃硝酸はAl，Fe，Niに不動態を形成し，反応が進まない。

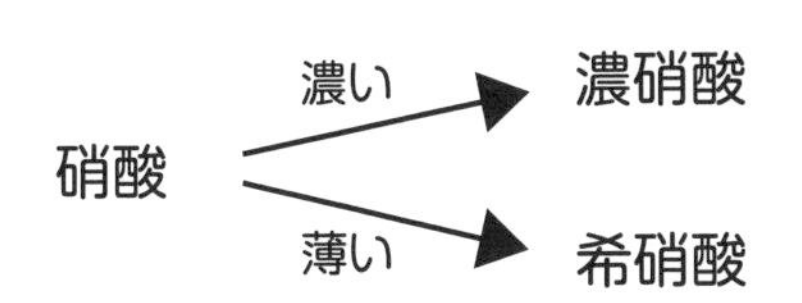

濃硝酸

H_2 よりもイオン化傾向が大きい Al，Fe，Ni を溶かせない。

イオン化傾向

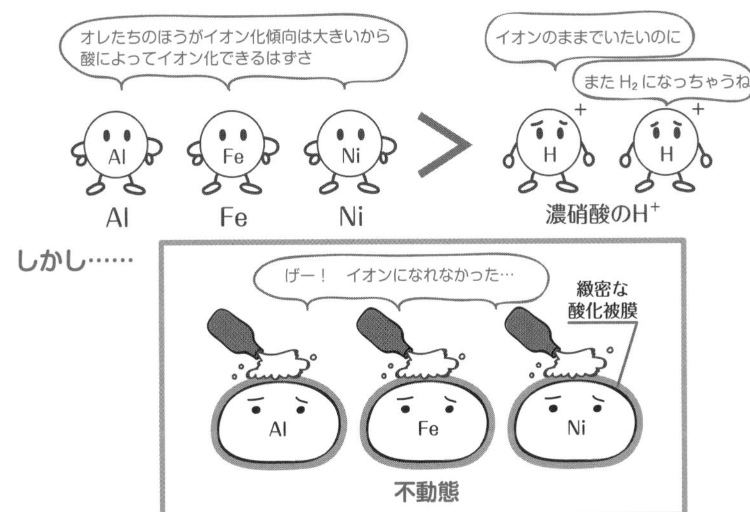

王水　濃硝酸：濃塩酸＝1：3 の割合で混合した液体。
イオン化傾向の小さい Pt，Au も溶かすことができる。

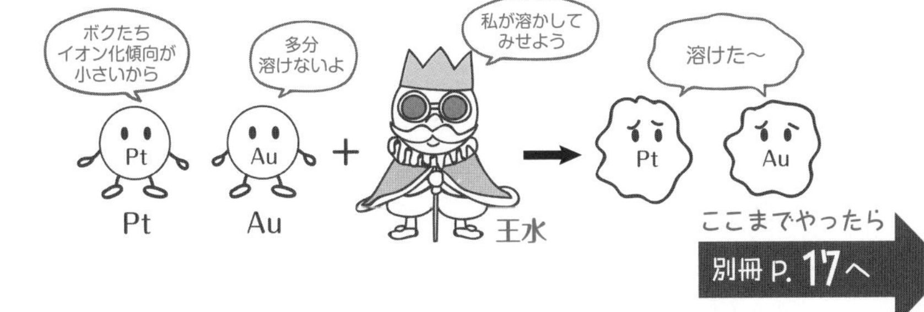

ここまでやったら
別冊 P. 17へ

5-8 リン

ココをおさえよう！

リンの単体である黄リンは猛毒で，自然発火をする。

リンPの**単体は２種類**あります。
つまり……そうです。それぞれ**同素体**ということですね。

リン元素Pを例えるなら，オオカミ男といったところです。
凶暴な**黄リン**と，おとなしい**赤リン**の2つの顔を持ちます。

まず，2種類ある単体はそれぞれ次のような性質があります。
◆黄リン：**淡黄色**をしたろう状の固体で，**猛毒**。
35℃以上で**自然発火するため，水中に保存**する必要がある。

◆赤リン：**暗赤色**をした粉末で，ほぼ無毒。自然発火はしない。

どちらのリンも，空気中で燃焼させると**十酸化四リンP_4O_{10}**となります。
この十酸化四リンは，吸湿性があるため，**乾燥剤**（**酸性**）として用いられます。

また，リンの化合物である**リン酸H_3PO_4**は，水に溶けて**酸性**を示します。
（H^+を3つ含むので強酸と勘違いする人がいますが，**強酸ではありません！**）

Point ･･･リンPの性質

◎ 2種類の単体（黄リン，赤リン）があり，互いに同素体。
◎ 黄リンは淡黄色で猛毒。自然発火するため水中で保存。
◎ 赤リンは暗赤色でほぼ無毒。
◎ 十酸化四リンP_4O_{10}は乾燥剤（酸性）として用いられる。
◎ リン酸H_3PO_4はH^+を3つ含んでいるが，強酸ではない。

リンP

単体 …黄リンと赤リンの２種類がある。

◎黄リン：淡黄色をしたろう状固体，猛毒。自然発火するため，水中に保存。

◎赤リン：暗赤色をした粉末でほぼ無毒。自然発火しない。

十酸化四リン　P_4O_{10}

リンの単体を空気中で燃焼させて生成。
乾燥剤（酸性）として用いられる。

グアー〜ッ
P_4O_{10}
乾燥剤

水に溶けて酸性を示す。

ここまでやったら
別冊 P. 18 へ

理解できたものに，☑チェックをつけよう。

- [ ] N_2は窒素どうしが(共有結合の)三重結合によって結びついているため，非常に安定している。
- [ ] NH_3は無色で刺激臭を持つ気体で，弱塩基性を示す。
- [ ] NH_3はHClと反応し，白煙を生じる。
- [ ] NH_3は上方置換で捕集する。
- [ ] NOは水に溶けにくく，空気中で赤褐色(NO_2)になる。
- [ ] NOは銅に希硝酸を加えると生成される。
- [ ] NO_2は水に溶け，強酸の硝酸(HNO_3)になる。
- [ ] NO_2は銅に濃硝酸を加えると生成される。
- [ ] 硝酸はオストワルト法によって生成される。
- [ ] 希硝酸は酸化作用があり，H_2よりもイオン化傾向の小さいCu，Hg，Agも溶解する。
- [ ] 濃硝酸は，Al，Fe，Niに不動態を形成する。
- [ ] リンの単体には，猛毒で自然発火する黄リンと，ほぼ無毒で自然発火しない赤リンがある。

Chapter

6

14族元素（炭素・ケイ素）

14族元素（炭素・ケイ素）

はじめに

14族元素には，炭素C，ケイ素Si，ゲルマニウムGe，スズSn，鉛Pbがありますが，
中でも炭素Cとケイ素Siは非金属元素ですので，
ここではこの２つについて見ていきましょう。

炭素Cは，有機物には必ず含まれている元素です。
さまざまな物質に含まれていますが，今回は単体とその酸化物（一酸化炭素CO，
二酸化炭素CO_2）について見ていきます。

ケイ素Siも，その単体と化合物について見ていきます。

基本的に暗記が多いですが，どれもしっかりとイメージできるようにしましょう。

この章で勉強すること

炭素Cとケイ素Siにまつわる単体，化合物の性質を，キャラクターや図を用いて
覚えていきます。

宇宙一
わかりやすい
ハカセの
Introduction

6-1 炭素の単体(その1)

ココをおさえよう!

炭素の単体には,黒鉛,ダイヤモンド,フラーレンなどがある。

炭素Cは化学界のエース。
あなたの使っている鉛筆の芯やノートにも,恋人からもらったダイヤモンドにも,
そしてあなた自身にも炭素元素は含まれます。

また,飛行機やラケットなどに使われている軽くて丈夫な炭素繊維,
フラーレンや**カーボンナノチューブ**にも,炭素元素Cは使われています。

そんな,世の中になくてはならない炭素元素Cのお話……。

まずは炭素の**単体**についてお話ししましょう。
炭素は単体としても存在しており,その代表的なものが,
先ほど出てきた**黒鉛(グラファイト)**,**ダイヤモンド**,**フラーレン**です。

この3つの単体に関して,重要な情報だけを以下にまとめてみました。

単体名	黒鉛(グラファイト)	ダイヤモンド	フラーレン
硬さ	やわらかい	非常に硬い	——
電気伝導性	**ある**	ない	ない
形態	共有結合の結晶	共有結合の結晶	分子性物質

どうしてこのような性質を持つのか,それぞれについて6-2で見ていきましょう。

炭素C

炭素元素Cは
いろんなところに…

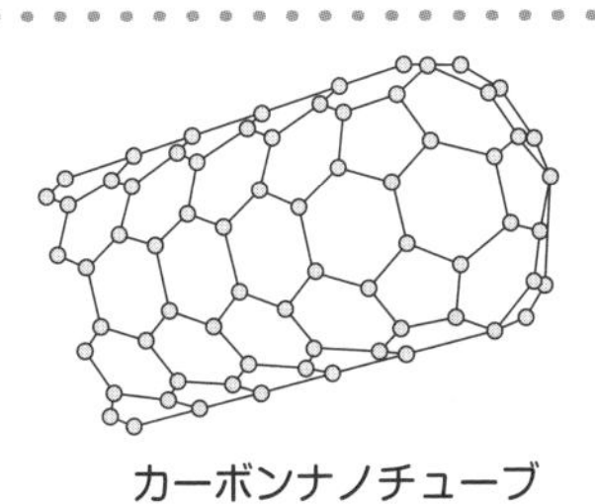

単体　主に以下の3つがある。

単体名	黒鉛（グラファイト）	ダイヤモンド	フラーレン
硬さ	やわらかい	非常に硬い	——
電気伝導性	ある	ない	ない
形態	共有結合の結晶	共有結合の結晶	分子性物質

6-2　炭素の単体（その2）

ココをおさえよう！

黒鉛は平面網目構造でやわらかく，ダイヤモンドは共有結合の結晶で非常に硬い。

◆黒鉛：
炭素原子は4つの価電子を持っていますが，そのうち**3つの価電子を用いて共有結合をしています。**

これにより，正六角形型の**平面網目構造**をとるのですが，その平面状の巨大な分子は弱い**分子間力**で積み重なって結晶となっています。
なので，外から力を加えると簡単にずれを起こして崩れるため，硬さは「やわらかい」のです。

また，**価電子の残り1個が自由に結晶の平面上を動くことができるので，電気をよく通す（電気伝導性あり）**のです。

◆ダイヤモンド：
黒鉛と違い，**4つの価電子をすべて共有結合**に使って正四面体型の立体網目構造を作っているのですが，このC−C結合が大変強く，かつ対称性の高い構造をとっています。
よって，ダイヤモンドは大変硬いのです。

また，黒鉛と違って**4つの価電子をすべて共有結合に使っているので，自由に動ける電子がありません。よって，電気を通さない（電気伝導性なし）**のです。

炭素の単体

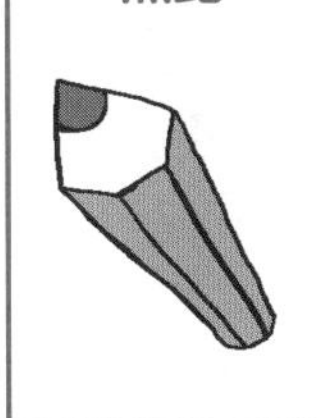
黒鉛

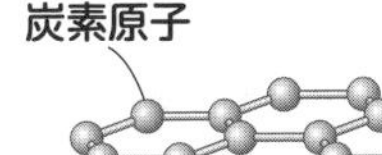
炭素原子

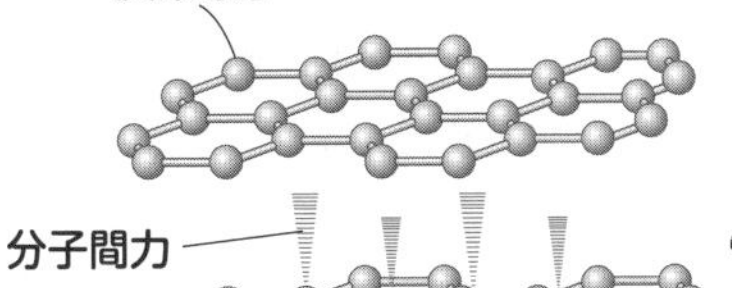
分子間力

平面網目構造の
巨大分子が
弱い分子間力で
積み重なって
いるんだ

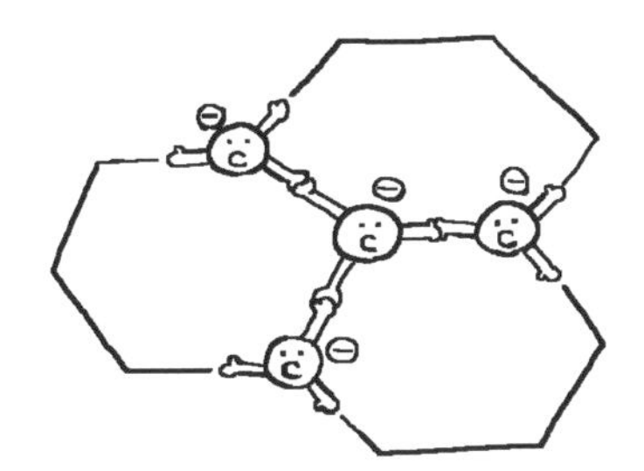

4つの価電子のうち，
3つの電子を結合に使い，
1つの電子が自由に動ける
ので，電気を通すぞい

だから
やわらかいん
だね

ダイヤモンド

炭素原子

C－C 結合が
とても強いんだ
だからとても硬い

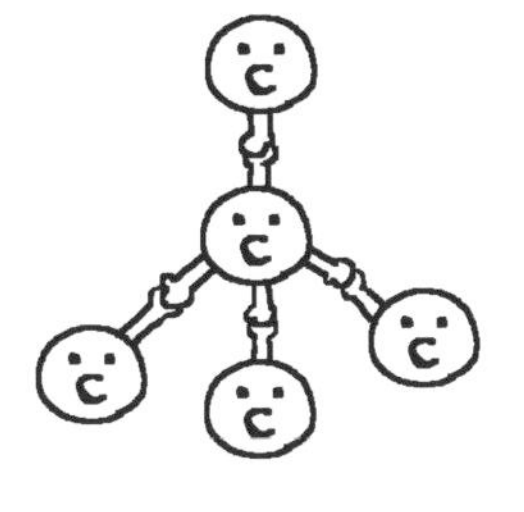

4つの価電子を
すべて結合に使って
いるから，電気は
通さないんじゃ

6-3 炭素の単体（その3）

ココをおさえよう！

フラーレンには，サッカーボールの形をしたC_{60}などがある。

◆**フラーレン**：
C_{60}，C_{70}のような**分子性物質の総称**です。
例えばサッカーボールの形をしたC_{60}は，分子間力によって面心立方格子構造を形成します。電気は通しません。
管状のカーボンナノチューブや1枚の平面構造のグラフェンなどの同素体もあります。

◆その他：
黒鉛の微結晶が不規則に集合した**無定形炭素**というものもあります。

微結晶と微結晶との間に多くの隙間を持っており，特にヤシ殻を焼いて炭にしたものは**活性炭**と呼ばれ，脱臭剤などに利用されています。

このように，大活躍の炭素元素Cなのですが……。
次からは，炭素元素を含む化合物の中でも，
特に“不名誉”な（？）化合物の一酸化炭素COと二酸化炭素CO_2に注目をして，お話をしていこうと思います。
（だって，いつも持ち上げられてばかりじゃ面白くないですもんね！）

フラーレン

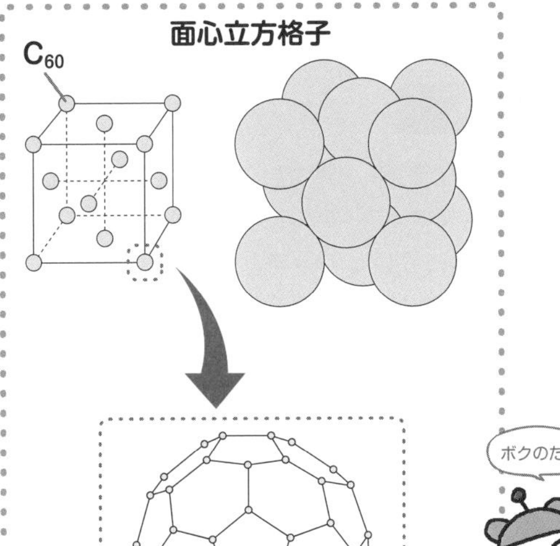

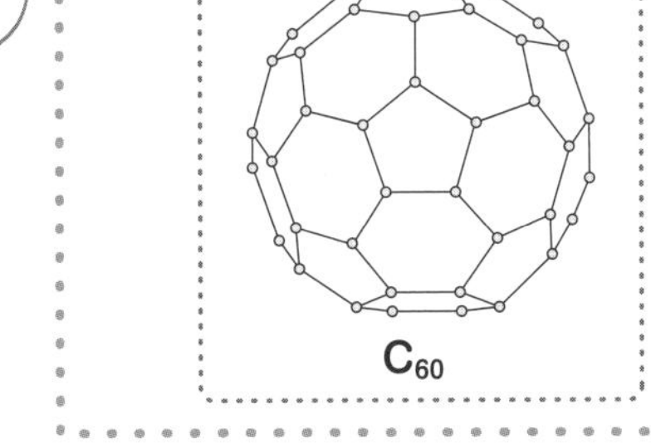

無定形炭素

次は一酸化炭素 CO, 二酸化炭素 CO_2 について

ここまでやったら
別冊 p. 19へ

6-4 一酸化炭素

ココをおさえよう!

一酸化炭素は有害な気体。無色・無臭だから余計にやっかい。

それでは,炭素の酸化物に注目してみましょう。

まずは**一酸化炭素CO**です。
一酸化炭素は**無色・無臭できわめて有害な気体**です。

石油ストーブには,「よく換気しましょう」という注意書きが書いてありますよね。あれは,換気をしないと空気中の酸素が不足して石油が不完全燃焼をし(完全燃焼すると二酸化炭素CO_2となる),有毒な一酸化炭素COを発生させるからです。

一酸化炭素はにおいがしないため,気づかずに死んでしまう……ということもあるので注意が必要です。

一酸化炭素COが有害な理由
一酸化炭素は,酸素を体中に運ぶ赤血球の成分(ヘモグロビン)と結合しやすいため,酸素とヘモグロビンの結合が妨害され,全身への酸素供給量が少なくなってしまうからです。

また,高温下では還元性が強く(つまり二酸化炭素になりやすい,ということです),金属酸化物の還元に利用されます。

例:$Fe_2O_3 + 3CO \longrightarrow 2Fe + 3CO_2$

6

一酸化炭素 CO

性質

• 無色・無臭で，有害な気体。

酸素よりも赤血球に結合しやすく，
一度結合したらはずれない。

• 還元性が強い。

例 $Fe_2O_3 + 3CO \longrightarrow 2Fe + 3CO_2$

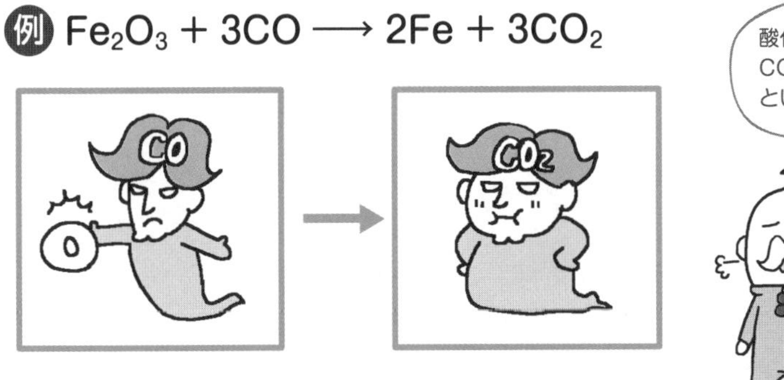

6-5 一酸化炭素の製法

ココをおさえよう！

一酸化炭素はギ酸から生成される。

一酸化炭素COは，実験室では**ギ酸 HCOOH**と**濃硫酸**を加熱することで生成されます。
（※濃硫酸は反応には使われず，**脱水剤として**利用されています。
濃硫酸の脱水性については，p.102でも扱いましたね）

$$HCOOH \xrightarrow{\text{濃硫酸}} H_2O + CO$$

水に溶けないので，**水上置換で捕集**します。

補足 細かい知識ですが，一酸化炭素は塩基とは反応しないので，
酸性酸化物とは呼びません。

それにしても，カガックマが無事でよかったですね……。

Point ・・・一酸化炭素COの性質

◎ 無色・無臭で有害な気体。水に溶けにくい。
◎ 還元性が強く，高温で金属酸化物を還元する。
◎ ギ酸から生成される（脱水剤として濃硫酸を使用）。

一酸化炭素の製法

- ギ酸と濃硫酸を加熱する。

$$\underset{\text{ギ酸}}{HCOOH} \xrightarrow[\text{(濃硫酸は脱水剤)}]{\text{濃硫酸}} H_2O + CO$$

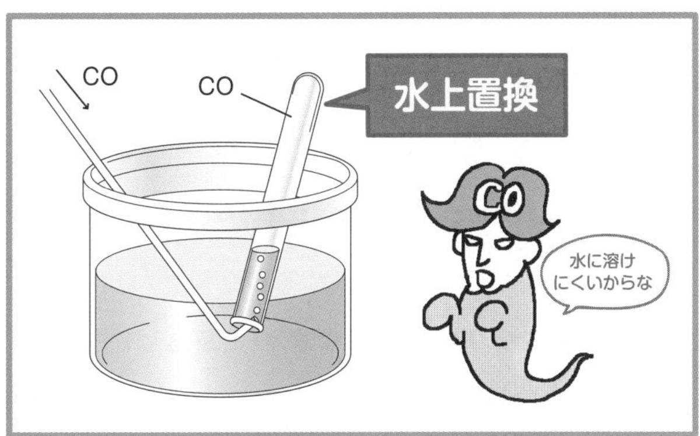

補足

CO … 非金属元素の酸化物だが，
（非金属元素）
塩基と反応しないので，酸性酸化物ではない。

ここまでやったら
別冊 P. 20 へ

6-6 二酸化炭素

ココをおさえよう!

二酸化炭素を石灰水に通すと白濁し，さらに通すと白濁は消える。

次に，**二酸化炭素 CO_2** についてお話ししましょう。

二酸化炭素は，**無色・無臭の気体**で，空気中には約0.04%(体積比)含まれています。
空気よりも少しだけ重い気体です。

水には少しだけ溶けて炭酸 H_2CO_3 となり，**弱酸性**を示します。

$$CO_2 + H_2O \rightleftarrows H_2CO_3 \rightleftarrows 2H^+ + CO_3^{2-}$$

二酸化炭素の特徴として，**石灰水($Ca(OH)_2$ 水溶液)と反応**して**白濁**します。

$$CO_2 + Ca(OH)_2 \longrightarrow \underline{CaCO_3} + H_2O$$

白濁の原因となる白色固体(炭酸カルシウム)

また，白濁した水溶液に，**さらに CO_2 を通すと，**
次の式のような反応が起こって**白濁は消えます。**

$$CaCO_3 + CO_2 + H_2O \longrightarrow \underline{Ca(HCO_3)_2}$$

炭酸水素カルシウム

実験室では，**石灰石(炭酸カルシウム)に希塩酸を加える**ことで生成します。

$$CaCO_3 + 2HCl \longrightarrow CaCl_2 + CO_2 + H_2O$$

その他，よくスーパーにおいてある**ドライアイス**は，
この二酸化炭素が凝華したものです。

二酸化炭素 CO_2

性質

• 無色・無臭の気体。空気より少し重い。

• 水に少しだけ溶けて弱酸性となる。

$$CO_2 + H_2O$$
$$\rightleftarrows \underset{\text{(炭酸)}}{H_2CO_3} \rightleftarrows \underline{\underline{2H^+}} + CO_3{}^{2-}$$

• 石灰水に通じると白濁する。

$$CO_2 + Ca(OH)_2$$
$$\longrightarrow \underset{\text{白濁}}{\underline{CaCO_3}} + H_2O$$

• さらに通じると白濁は消える。

$$CaCO_3 + CO_2 + H_2O$$
$$\longrightarrow Ca(HCO_3)_2$$

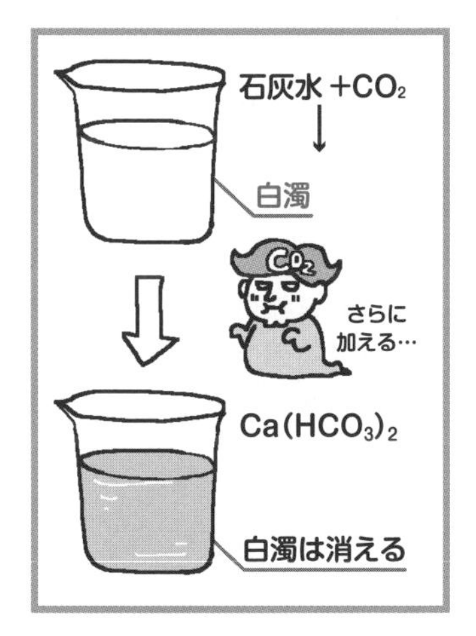

製法

• 石灰石に希塩酸を加える。

$$CaCO_3 + 2HCl$$
$$\longrightarrow CaCl_2 + \underline{\underline{CO_2}} + H_2O$$

6

少し雑談になりますが，この二酸化炭素は，皆さんご存知のように**温室効果ガス**といわれ，地球温暖化の要因の1つとして考えられています。

太陽から降り注いだ光のうち，可視光のような比較的短い波長の光に注目しましょう。この光は普通，地表に降り注いだあと，比較的長い波長の赤外線として放射されます。
大気がなければ，この赤外線の大半は宇宙に放出されますが（右ページ①），
大気中の，特に二酸化炭素などの温室効果ガスと呼ばれる気体は，赤外線をよく吸収して気体の運動エネルギーに変えたり（これが熱になる），再び地表へ赤外線を放射したり，またその赤外線を吸収したりします（右ページ②）。

これにより，赤外線はなかなか宇宙に放出されず，温室効果ガスによってそのエネルギーが熱に変えられ，地球は暖かくなってしまうのです。

近年は特に，化石燃料の大量消費による二酸化炭素排出量の増加や，森林の伐採による二酸化炭素の吸収量の減少により，大気中の二酸化炭素濃度が増加し，地球温暖化の大きな原因となっているといわれています。

ただ，もし温室効果ガスがなければ，地球の平均温度は－18℃になっていたので，多すぎても困りますが少なすぎても困る，ということなんです。
何事も，ちょうどよい加減が大事なのですね。

Point・・・二酸化炭素 CO_2 の性質

◎　無色・無臭の気体。
◎　水に少しだけ溶け，弱酸性を示す。
◎　石灰水に通すと白濁し，さらに通すと白濁が消える。
◎　二酸化炭素を凝華させたものをドライアイスという。

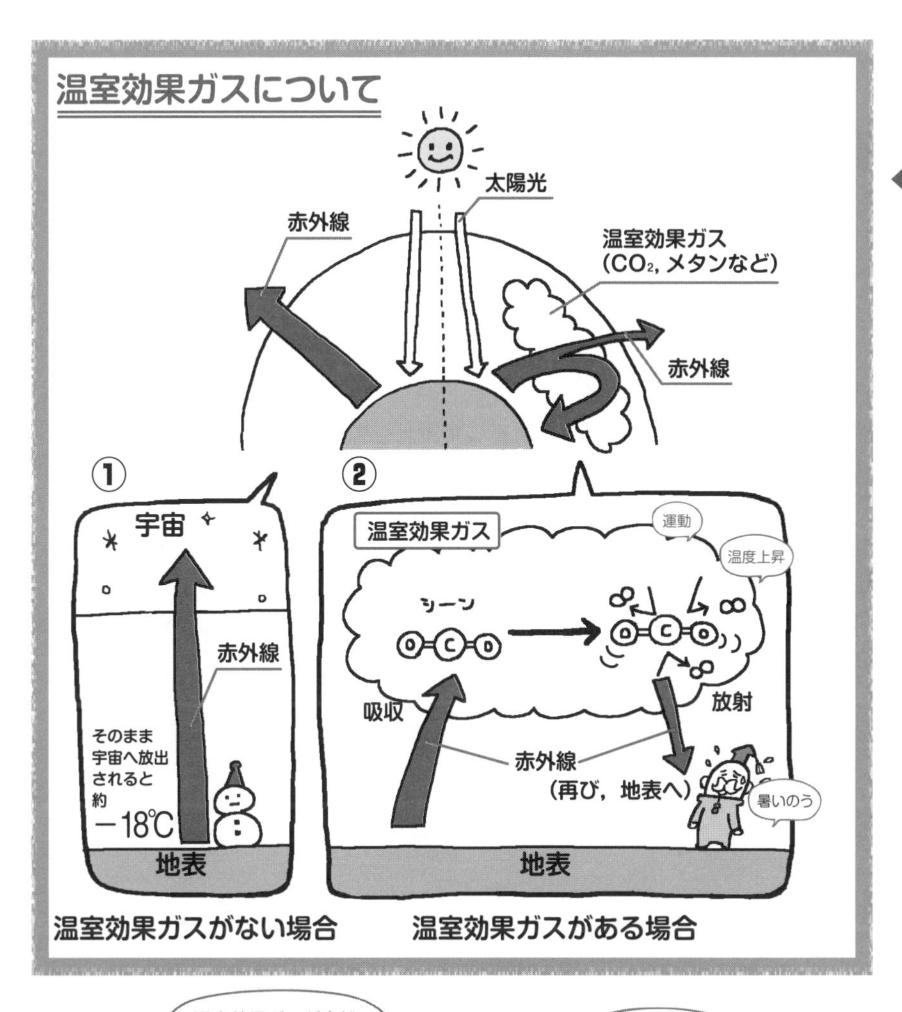

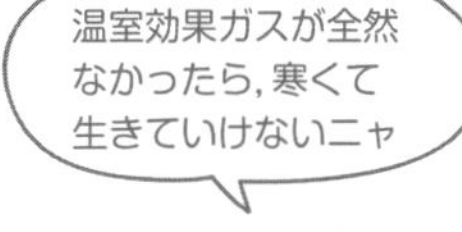

こうやって
地球が暖まって
いたのかぁ…

ここまでやったら
別冊 P. 21へ

6-7 ケイ素

ココをおさえよう！

ケイ素の単体はダイヤモンドの構造に似た共有結合の結晶。

ケイ素Siは，いろんな姿に変わりながら，人類の進歩に貢献する，化学界のガリレオのような元素。とっても多才です。

単体として自然には存在しませんが，
次のように**二酸化ケイ素SiO_2と炭素Cで還元して生成**することができます。

$$SiO_2 + 2C \longrightarrow Si + 2CO$$

こうしてできたケイ素の単体は，ダイヤモンドの構造に似た**共有結合の結晶**ですが，ダイヤモンドほどは硬くありません。
（ダイヤモンドと同じ14族元素で，価電子も４つなので，同じような構造をとるのです）

高純度なケイ素は半導体としてコンピュータ部品や太陽電池などに用いられます。
（化学界のガリレオはその頭脳をもってテクノロジーの発展に貢献します！）

ケイ素 Si

製法

• 二酸化ケイ素を炭素で還元して生成。

$$SiO_2 + 2C \longrightarrow Si + 2CO$$

性質

• ダイヤモンドの構造に似た共有結合の結晶。

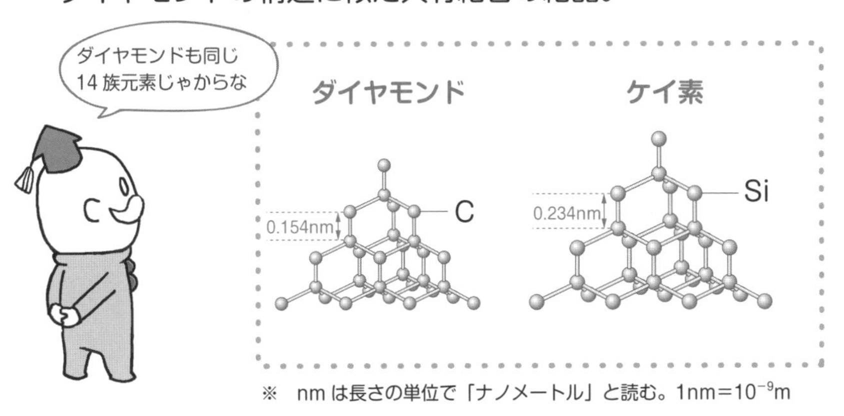

※　nm は長さの単位で「ナノメートル」と読む。$1nm=10^{-9}m$

• 半導体として，コンピュータの部品や太陽電池などに用いられる。

6-8 二酸化ケイ素

ココをおさえよう！

二酸化ケイ素は，フッ化水素や水酸化ナトリウムと反応する。

さて，先ほどケイ素は単体としては存在しないといいましたが，
その分，酸素と結合しやすいので**酸化物として産出**されます。

この酸化物で代表的な**二酸化ケイ素 SiO_2**は，透明度が高く，
石英や水晶と呼ばれています。
（ケイ素は自然の神秘を伝えたり，水晶を用いた占いで，精神的に人々を助けたりもしているのですね）

二酸化ケイ素は，とても安定的な化合物（何万年もの間，鉱物として存在しているくらいです）ですが，**フッ化水素酸 HF（フッ化水素の水溶液）には溶けてしまいます。**

$$SiO_2 + 6HF \longrightarrow \underset{\text{ヘキサフルオロケイ酸}}{\underline{H_2SiF_6}} + 2H_2O$$

また，**強塩基とも反応をし，ケイ酸塩が生成します。**

例：$SiO_2 + 2NaOH \longrightarrow Na_2SiO_3 + H_2O$

（水酸化ナトリウムと反応してできるのが**ケイ酸ナトリウム Na_2SiO_3**です）

二酸化ケイ素 SiO_2

性質

- 透明度が高い。

- フッ化水素酸 HF に溶ける。

$$SiO_2 + 6HF \longrightarrow \underset{\text{ヘキサフルオロケイ酸}}{H_2SiF_6} + 2H_2O$$

- 強塩基と反応してケイ酸塩を生成。

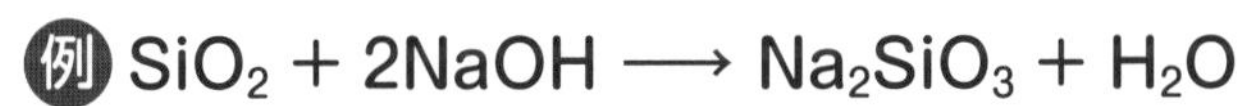

例 $SiO_2 + 2NaOH \longrightarrow Na_2SiO_3 + H_2O$

6-9 ケイ酸ナトリウム

ココをおさえよう！

ケイ酸ナトリウム ＋ 水 ⟶ 水ガラス
ケイ酸ナトリウム ＋ 塩酸 ⟶ ケイ酸

さて，こうしてできた**ケイ酸ナトリウム Na_2SiO_3** を水と一緒に熱すると，
無色透明で粘性の大きい液体ができます。
これを**水ガラス**と呼びます。

また，ケイ酸ナトリウムに塩酸HClを加えると，
次のような反応によって**ケイ酸 H_2SiO_3** ができます。

$$Na_2SiO_3 + 2HCl \longrightarrow 2NaCl + H_2SiO_3$$

このケイ酸を加熱して脱水すると，**シリカゲル**となります。
シリカゲルはよくお菓子の袋の中に**乾燥剤**として入っていますね。
（湿気からお菓子や食品を守ります！）

こうして化学界のガリレオであるケイ素は，最先端の科学や，占いで使う水晶，
お菓子の袋の中にまで姿を変えて現れ，人類の豊かな生活に寄与しているのです。

Point ・・・ケイ素Siのまとめ

◎ ケイ素はダイヤモンドの構造に似た共有結合の結晶。
◎ 二酸化ケイ素はフッ化水素酸HFに溶ける。
◎ 二酸化ケイ素は水酸化ナトリウムと反応し，ケイ酸ナトリウムとなる。
◎ ケイ酸ナトリウムに水を加えて加熱すると，水ガラスとなる。
◎ ケイ酸ナトリウムに塩酸を加えると，ケイ酸になる。

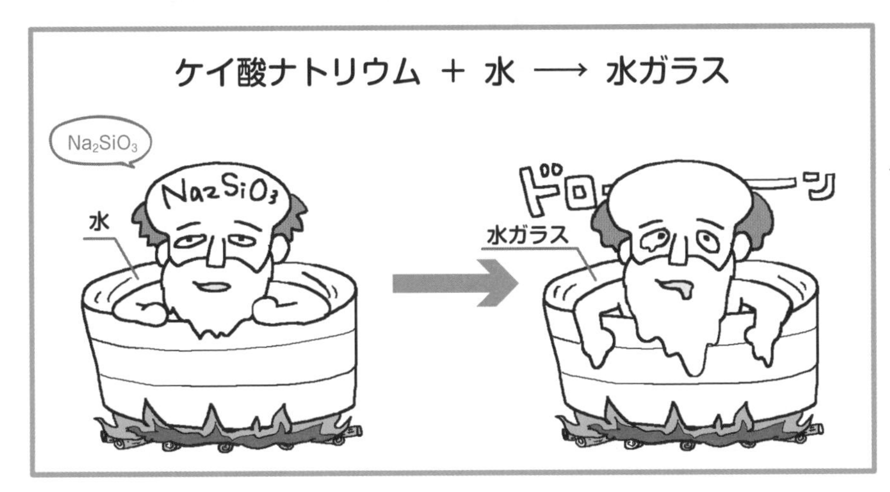

$$Na_2SiO_3 + 2HCl \longrightarrow 2NaCl + \underbrace{H_2SiO_3}_{\text{ケイ酸}}$$

ケイ酸を脱水 ⟶ シリカゲル（乾燥剤）

ここまでやったら 別冊 p.21へ

理解できたものに，☑チェックをつけよう。

- ☐ Cの単体には，黒鉛，ダイヤモンド，フラーレンなどがある。
- ☐ 黒鉛は平面網目構造となっており，分子間力によって平面状の分子が重なっている。
- ☐ 黒鉛には電気伝導性がある。
- ☐ COはギ酸と濃硫酸を加熱することで生成される。
- ☐ CO_2は水に少し溶けて弱酸性を示す。
- ☐ CO_2は石灰水と反応して白濁し，さらに通すと白濁が消える。
- ☐ SiO_2はフッ化水素酸HFに溶ける。
- ☐ Na_2SiO_3にHClを加えると，H_2SiO_3が生成される。

Chapter

気体の性質

気体の性質

はじめに

さて，今まで種々の気体が出てきた訳ですが，
ここで一度整理しておきましょうか。

まずは重要な気体の製法をまとめます。
次に，捕集法，色，におい，液性，その他を表にまとめますよ。
勉強した順で出てきますので，頭に入りやすいかと思います。

このように，いろんな角度から気体の性質について整理していきましょう。

この章で勉強すること

各気体の性質を一度まとめます。
さらに，共通する性質を持っている気体だけでもまとめています。
気体について，一通り復習していきます。

宇宙一
わかりやすい
ハカセの
Introduction

捕集法
色
におい
液性
製法
その他
気体

気体について
まとめるぞぃ！
覚えてる
かなぁ…
不安…
覚えてないと
思うニャ
クマは
マヌケだから
ニャ…
謝れ！
マヌケじゃ
ないっ！
いやニャ
本当のコトを
言っただけニャ

Let's
study!!

7-1 気体の製法

ココをおさえよう！

製法はどれも自分の手で書けるようになろう。

◆**H_2**の製法 （Chapter2 p.50）

$Zn + H_2SO_4 \longrightarrow ZnSO_4 + \mathbf{H_2}$ （亜鉛に希硫酸を加える）

$2Na + 2H_2O \longrightarrow 2NaOH + \mathbf{H_2}$ （ナトリウムに水を加える）

◆**Cl_2**の製法 （Chapter3 p.68）

$MnO_2 + 4HCl \longrightarrow MnCl_2 + 2H_2O + \mathbf{Cl_2}$

（酸化マンガン（Ⅳ）MnO_2に濃塩酸を加えて加熱する）

◆**HF**の製法 （Chapter3 p.76）

$CaF_2 + H_2SO_4 \longrightarrow CaSO_4 + 2\mathbf{HF}$

（フッ化カルシウムCaF_2（ホタル石）に濃硫酸を加えて加熱する）

◆**HCl**の製法 （Chapter3 p.78）

$NaCl + H_2SO_4 \longrightarrow NaHSO_4 + \mathbf{HCl}$

（塩化ナトリウムNaClに濃硫酸を加えて加熱する）

◆**O_2**の製法 （Chapter4 p.84）

$2H_2O_2 \xrightarrow[\text{触媒}]{MnO_2} 2H_2O + \mathbf{O_2}$

（過酸化水素水H_2O_2を，酸化マンガン（Ⅳ）MnO_2を触媒として分解する）

◆**O_3**の製法 （Chapter4 p.88）

$3O_2 \longrightarrow 2\mathbf{O_3}$ （酸素に紫外線を当てる，または無声放電する）

気体の製法 まとめ①

H_2

$$Zn + H_2SO_4 \longrightarrow ZnSO_4 + \underline{\underline{H_2}}$$

（亜鉛に希硫酸を加える）

$$2Na + 2H_2O \longrightarrow 2NaOH + \underline{\underline{H_2}}$$

（ナトリウムに水を加える）

Cl_2

$$MnO_2 + 4HCl \longrightarrow MnCl_2 + 2H_2O + \underline{\underline{Cl_2}}$$

（酸化マンガン（Ⅳ）MnO_2 に濃塩酸を加えて加熱する）

HF

$$CaF_2 + H_2SO_4 \longrightarrow CaSO_4 + 2\underline{\underline{HF}}$$

（フッ化カルシウム CaF_2（ホタル石）に濃硫酸を加えて加熱する）

HCl

$$NaCl + H_2SO_4 \longrightarrow NaHSO_4 + \underline{\underline{HCl}}$$

（塩化ナトリウム NaCl に濃硫酸を加えて加熱する）

O_2

$$2H_2O_2 \xrightarrow[\text{触媒}]{MnO_2} 2H_2O + \underline{\underline{O_2}}$$

（過酸化水素水 H_2O_2 を，酸化マンガン（Ⅳ）を触媒として分解する）

O_3

$$3O_2 \longrightarrow 2\underline{\underline{O_3}}$$

（酸素に紫外線を当てる，または無声放電する）

◆H_2Sの製法 (Chapter4 p.92)

$FeS + 2HCl \longrightarrow FeCl_2 + H_2S$ (硫化鉄(Ⅱ)FeSに希塩酸を加える)

◆SO_2の製法 (Chapter4 p.96)

$Cu + 2H_2SO_4 \longrightarrow CuSO_4 + 2H_2O + SO_2$

(銅に濃硫酸を加えて加熱する)

◆N_2の製法 (Chapter5 p.110)

$NH_4NO_2 \longrightarrow 2H_2O + N_2$ (亜硝酸アンモニウムNH_4NO_2を熱分解する)

◆NH_3の製法 (Chapter5 p.114)

$2NH_4Cl + Ca(OH)_2 \longrightarrow CaCl_2 + 2H_2O + 2NH_3$

(塩化アンモニウムNH_4Clに水酸化カルシウムを加えて加熱する)

◆NOの製法 (Chapter5 p.116)

$3Cu + 8HNO_3 \longrightarrow 3Cu(NO_3)_2 + 4H_2O + 2NO$ (銅に希硝酸を加える)

◆NO_2の製法 (Chapter5 p.118)

$Cu + 4HNO_3 \longrightarrow Cu(NO_3)_2 + 2H_2O + 2NO_2$ (銅に濃硝酸を加える)

◆COの製法 (Chapter6 p.142)

$HCOOH \xrightarrow[\text{触媒}]{H_2SO_4} H_2O + CO$ (ギ酸HCOOHと濃硫酸を加熱する)

◆CO_2の製法 (Chapter6 p.144)

$CaCO_3 + 2HCl \longrightarrow CaCl_2 + H_2O + CO_2$

(石灰石(主成分$CaCO_3$)に希塩酸を加える)

気体の製法 まとめ②

7

H_2S

$$FeS + 2HCl \longrightarrow FeCl_2 + H_2S$$

（硫化鉄（Ⅱ）FeS に希塩酸を加える）

SO_2

$$Cu + 2H_2SO_4 \longrightarrow CuSO_4 + 2H_2O + SO_2$$

（銅に濃硫酸を加えて加熱する）

N_2

$$NH_4NO_2 \longrightarrow 2H_2O + N_2$$

（亜硝酸アンモニウム NH_4NO_2 を熱分解する）

NH_3

$$2NH_4Cl + Ca(OH)_2 \longrightarrow CaCl_2 + 2H_2O + 2NH_3$$

（塩化アンモニウム NH_4Cl に水酸化カルシウムを加えて加熱する）

NO

$$3Cu + 8HNO_3 \longrightarrow 3Cu(NO_3)_2 + 4H_2O + 2NO$$

（銅に希硝酸を加える）

NO_2

$$Cu + 4HNO_3 \longrightarrow Cu(NO_3)_2 + 2H_2O + 2NO_2$$

（銅に濃硝酸を加える）

CO

$$HCOOH \xrightarrow[\text{触媒}]{H_2SO_4} H_2O + CO$$

（ギ酸 HCOOH と濃硫酸を加熱する）

CO_2

$$CaCO_3 + 2HCl \longrightarrow CaCl_2 + H_2O + CO_2$$

（石灰石（主成分 $CaCO_3$）に希塩酸を加える）

ここまでやったら
別冊 P. 22 へ

7-2 気体の性質（一覧表）

ココをおさえよう！

一覧表を使って，覚えられたか確認しよう！

右ページに，先ほど出てきた気体の性質をまとめました。
ただ，この表は丸暗記するためではなく，
今まで勉強してきたことを覚えているか，
そしてこれから勉強することが頭に入っているかを確認するために使いましょう。

【右ページの一覧表の使いかた】
・気体名を見て，捕集法，色，におい，水溶液の液性を隠し，答えていく。
・「その他」を見て，その気体が何かを答えていく。
・友だちと問題の出し合いをする。

気体の性質（一覧表）

気体名	捕集法	色	におい	水溶液の液性	その他
H_2	水上置換	無	無	—	還元性
Cl_2	下方置換	黄緑	刺激臭	酸性	酸化作用（漂白・殺菌） 有毒
HF	下方置換	無	刺激臭	弱酸性	ガラスを侵す 有毒
HCl	下方置換	無	刺激臭	強酸性	NH_3 と反応し白煙 有毒
O_2	水上置換	無	無	—	酸化性
O_3	—	淡青	特異臭	—	強酸化性
H_2S	下方置換	無	腐卵臭	弱酸性	強還元性 酢酸鉛紙を黒変
SO_2	下方置換	無	刺激臭	酸性	還元性（漂白）
N_2	水上置換	無	無	—	—
NH_3	上方置換	無	刺激臭	弱塩基性	（濃）HCl と反応し白煙
NO	水上置換	無	無	—	空気中で NO_2 に変化
NO_2	下方置換	赤褐	刺激臭	強酸性	酸化性 有毒
CO	水上置換	無	無	—	還元性 猛毒
CO_2	下方置換	無	無	弱酸性	石灰水を白濁し， さらに通じると 白濁は消える。

まだ覚えてないものは，
次ページ以降の
まとめで頭に入れるんじゃぞ

ここまでやったら
別冊 P. 23へ

7-3 気体の発生装置

ココをおさえよう！

固体と液体（加熱なし），固体と液体（加熱あり），固体と固体（加熱あり）に分けられる。

実験室での気体の発生は，次の３種類に分けられます。

① **固体と液体から，加熱せずに発生させる場合。**
〔a〕 ふたまた試験管
〔b〕 三角フラスコ
〔c〕 キップの装置

② **固体と液体から，加熱して発生させる場合。**
〔d〕 試験管
〔e〕 枝付きフラスコとろうと管

（※濃硫酸との反応は，必ず加熱します）

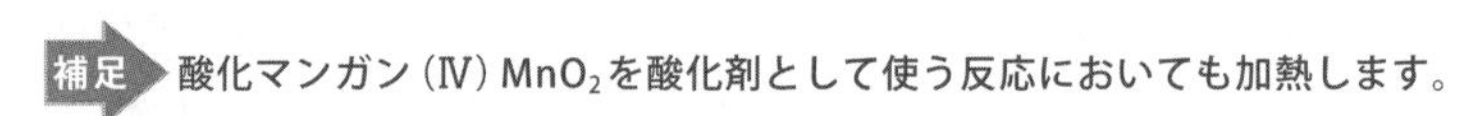

補足 酸化マンガン（Ⅳ）MnO_2を酸化剤として使う反応においても加熱します。

例：$MnO_2 + 4HCl \longrightarrow MnCl_2 + 2H_2O + Cl_2 \uparrow$

③ **固体と固体から，加熱して発生させる場合。**
〔f〕 乾いた試験管

（※固体と固体はどれも，加熱して反応させます）

補足 亜硝酸アンモニウムNH_4NO_2を熱分解して窒素を得る反応でも加熱します。
$NH_4NO_2 \longrightarrow 2H_2O + N_2$

気体の発生装置 まとめ

① 固体と液体から，加熱せずに発生させる場合。

〔a〕ふたまた試験管

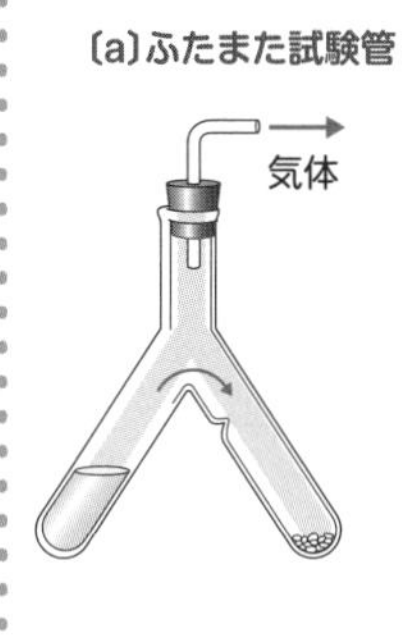

〔b〕三角フラスコ

〔c〕キップの装置

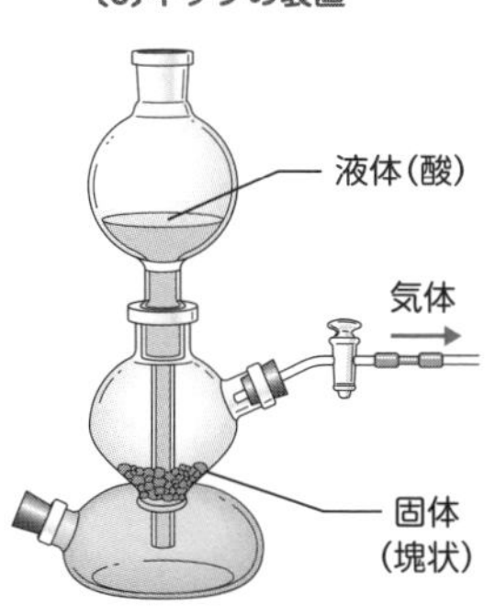

② 固体と液体から，加熱して発生させる場合。

〔d〕試験管

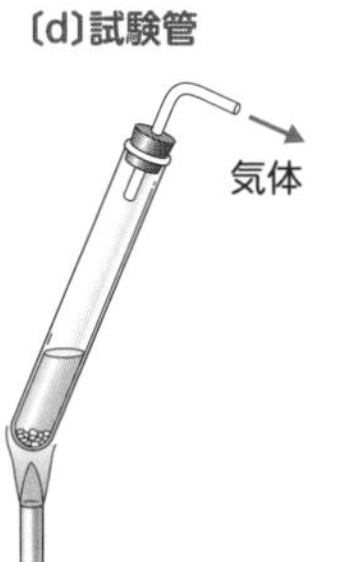

〔e〕枝付きフラスコとろうと管

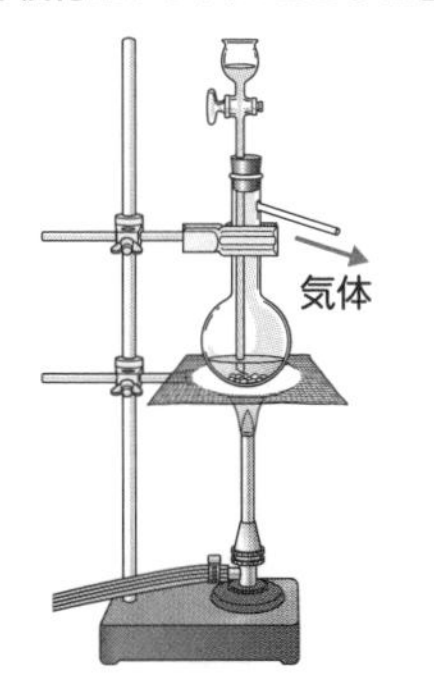

③ 固体と固体から，加熱して発生させる場合。

〔f〕乾いた試験管

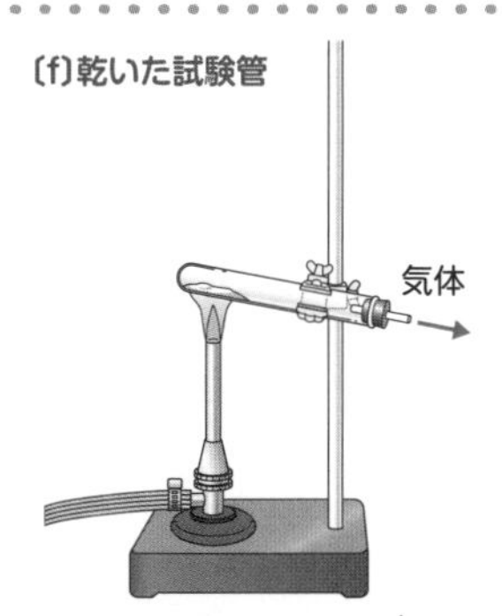

7

7-4 気体の捕集法

ココをおさえよう！

水上置換の覚えかた：このスイカの産地，水が綺麗

気体の捕集法には，①上方置換，②水上置換，③下方置換の３種類があります。

① 上方置換
上方置換といったら反射的に**アンモニア** $\mathbf{NH_3}$ だと思ってください。

② 水上置換
続いて水上置換ですが，水上置換で捕集される気体は，
一酸化炭素CO，一酸化窒素NO，水素 H_2，酸素 O_2，窒素 N_2 です。

「こ の スイカの産 地，水が綺麗」
CO NO H_2 O_2 N_2 （水上置換）

と覚えてください。

③ 下方置換
上記以外，すべて下方置換で捕集されます。

どうです？　簡単でしょう？

気体の捕集法

① 上方置換

アンモニアNH_3のみ！

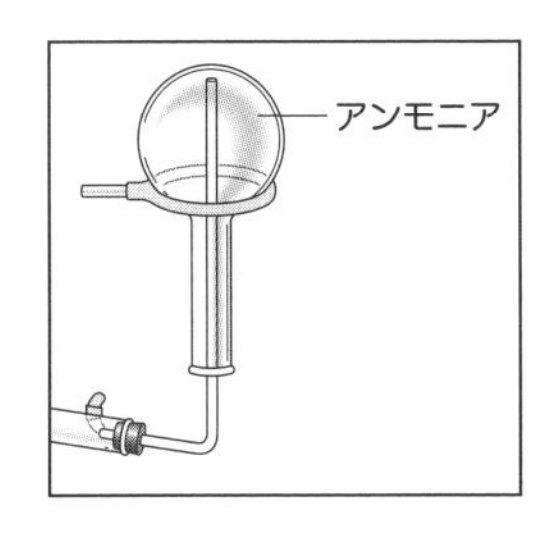

② 水上置換

CO，NO，H_2，O_2，N_2

ゴロで覚えよう

こ の スイカ の 産 地，水が綺麗
CO NO H_2 O_2 N_2 （水上置換）

③ 下方置換

①，②以外の気体

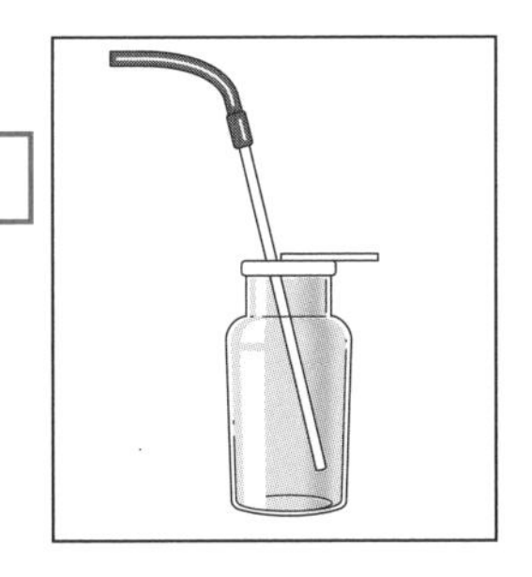

ここまでやったら
別冊 P. 24へ

7-5 気体の乾燥剤

ココをおさえよう！

中性の乾燥剤 $CaCl_2$ は，NH_3 の乾燥に用いることはできない。

【乾燥剤についての大原則】
乾燥剤にも酸性・中性・塩基性があります。
なので，**塩基性の気体に酸性の乾燥剤を使うと反応してしまうので不適**ですね。
逆に，**酸性の気体に塩基性の乾燥剤を使うのも，反応してしまうのでダメ**です。
また，中性の乾燥剤はほとんどの気体の乾燥に使用することができます。

右ページに，乾燥剤と乾燥に不適当な気体をまとめました。

しかし，化学に例外はつきもの。２つの例外についてお話ししましょう。

例外①　濃硫酸 H_2SO_4 を使って，H_2S の乾燥はできない。
H_2SO_4 は酸性の乾燥剤で，H_2S も弱酸性ですが，乾燥剤としては不適です。
なぜなら，H_2SO_4 は酸化剤，H_2S は還元剤なので，
２つは反応してしまうからです。

例外②　塩化カルシウム $CaCl_2$ を使って，NH_3 の乾燥はできない。
$CaCl_2$ は中性の乾燥剤なので，基本的にどの気体の乾燥剤としても用いることができます。
しかし NH_3 とは，$CaCl_2 \cdot 8NH_3$ という化合物になってしまい，
用いることができません。

気体の乾燥剤

乾燥剤についての大原則

7

塩基性の気体 ＋ 酸性の乾燥剤
酸性の気体 ＋ 塩基性の乾燥剤
➡ 不適！

（※中性の乾燥剤はほとんどの気体の乾燥に使用できる）

〈気体の乾燥剤のまとめ〉

乾燥剤	性質	乾燥に不適当な気体
十酸化四リン P_4O_{10}	酸性	塩基性の気体
濃硫酸 H_2SO_4	酸性	塩基性の気体＆H_2S 例外①
塩化カルシウム $CaCl_2$	中性	NH_3 例外②
シリカゲル $SiO_2 \cdot nH_2O$	中性	特になし
酸化カルシウム CaO	塩基性	酸性の気体
ソーダ石灰 CaO＋NaOH	塩基性	酸性の気体

例外①

濃硫酸 H_2SO_4（乾燥剤，酸性）＋ H_2S（気体，酸性）➡ 不適！

➡ H_2SO_4 が酸化剤，H_2S が還元剤となり，反応してしまうため。

例外②

塩化カルシウム $CaCl_2$（乾燥剤，中性）＋NH_3（気体，塩基性）➡ 不適！

➡ $CaCl_2 \cdot 8NH_3$ という化合物を生成してしまうため。

ここまでやったら
別冊 P. 24 へ

7-6 気体の性質によるまとめ

ココをおさえよう！

腐卵臭といったらH_2S，特異臭といったらO_3

さて，最後に性質ごとに気体をまとめてみましょう。

〈水に溶けやすい〉

アンモニアNH_3，塩化水素HCl，二酸化窒素NO_2，塩素Cl_2，硫化水素H_2S，二酸化硫黄SO_2，二酸化炭素CO_2，フッ化水素HF

補足 NH_3は，水に溶けて塩基性を示す唯一の気体で，それ以外は酸性を示す。

さて，この〈水に溶けやすい〉気体の覚えかたを伝授しましょう。

「ふっくら　りゅう　にいさんが　溺れて　「アーン」「エン　エン」泣く」

HF　H_2S　二酸化物（NO_2，SO_2，CO_2）　（水に溶けて）　NH_3　Cl_2　HCl

ここで突然ですが，皆さんに「どうしてにおいを感じるか？」ということを考えてもらいたいと思います。

実は**においを感じるというのは，「水に溶けた化学物質の刺激を感じること」**です。なので，**〈におい〉のある気体も，基本的には〈水に溶けやすい〉気体と同じ物質**です。ただし，**二酸化炭素はにおいがせず，オゾンは水に溶けやすくないが特異臭がある**ということは覚える必要があります。また，臭素Br_2も刺激臭のある蒸気を発しています。

〈気体のにおい〉

腐卵臭：H_2S

特異臭：O_3

刺激臭：NH_3, HCl, NO_2, Cl_2, SO_2, HF, Br_2（蒸気）

その他：無臭

気体の性質 まとめ

〈水に溶けやすい〉
NH_3, HCl, NO_2, Cl_2, H_2S, SO_2, CO_2, HF

ゴロで覚えよう

ふっくら（HF） りゅう（H_2S） にいさんが（二酸化物（NO_2, SO_2, CO_2）） 溺れて（水に溶ける） 「アーン（NH_3）」「エン（Cl_2） エン（HCl）」泣く

無事でよかったね
アーン エンエン
今度からはしっかり準備体操しないとだニャ
ニイサン…
りゅうにいさん

におい ➡ 水に溶けた物質の刺激を感じることで生じる。

⬇

つまり，〈におい〉のある気体と〈水に溶けやすい〉気体はほぼ同じ。

〈におい〉
腐卵臭：H_2S
特異臭：O_3
刺激臭：NH_3, HCl, NO_2, Cl_2, SO_2, HF, Br_2（蒸気）
その他：無臭

〈色〉

Cl_2＝**黄緑色**，NO_2＝**赤褐色**，NO＝**空気に触れると赤褐色**
この3つだけですから覚えられますね。

補足 O_3は淡青色，F_2は淡黄色ですが，ほぼ無色です。

〈特徴のある反応を示す気体〉

・**石灰水を白濁させる**気体：**CO_2**

$Ca(OH)_2 + CO_2 \longrightarrow CaCO_3$（白濁）$+ H_2O$

また，過剰に加えると，白濁が消えます（くわしくはp.144へ）。

$CaCO_3 + CO_2 + H_2O \longrightarrow Ca(HCO_3)_2$

・**ヨウ化カリウムデンプン紙を青変させる**気体：**Cl_2，O_3**

$2KI + Cl_2 \longrightarrow 2KCl + I_2$

$2KI + O_3 + H_2O \longrightarrow 2KOH + O_2 + I_2$

・**酢酸鉛や硫酸銅（Ⅱ）の水溶液に通じると黒色沈殿が生じる**気体：**H_2S**

$Pb^{2+} + S^{2-} \longrightarrow PbS\downarrow$

$Cu^{2+} + S^{2-} \longrightarrow CuS\downarrow$

・**白煙が生じた**：**$NH_3 + HCl \longrightarrow NH_4Cl$** の反応が起きた

（濃塩酸を近づけると白煙を生じた：**NH_3**
アンモニアを近づけると白煙を生じた：**HCl**）

〈色〉
黄緑色：Cl_2，赤褐色：NO_2，空気に触れると赤褐色：NO
（O_3 は淡青色，F_2 は淡黄色だが，ほぼ無色）

7

〈特徴のある反応を示す気体〉

- 石灰水を白濁させる気体：CO_2
  （過剰に加えると白濁が消える）

- ヨウ化カリウムデンプン紙を青変させる気体：Cl_2，O_3

- 酢酸鉛（Ⅱ）や硫酸銅（Ⅱ）の水溶液に通じると
  黒色沈殿が生じる気体：H_2S

- 白煙が生じた：$NH_3 + HCl \longrightarrow NH_4Cl$

（濃塩酸を近づけると白煙：NH_3
アンモニアを近づけると白煙：HCl）

ここまでやったら
別冊 P. 25 へ

理解できたものに，☑チェックをつけよう。

- □ 上方置換はNH_3，水上置換はCO，NO，H_2，O_2，N_2，その他の気体は下方置換で捕集する。
- □ H_2Sの乾燥に，濃硫酸H_2SO_4は使えない。
- □ NH_3の乾燥に，塩化カルシウム$CaCl_2$は使えない。
- □ 水に溶けやすい気体は，NH_3，HCl，NO_2，Cl_2，H_2S，SO_2，CO_2，HFである。
- □ H_2Sは腐卵臭，O_3は特異臭，NH_3，HCl，NO_2，Cl_2，SO_2，HF，Br_2（蒸気）は刺激臭で，それ以外の気体は無臭である。
- □ 「石灰水を白濁させる気体」とあったら，CO_2である。
- □ 「ヨウ化カリウムデンプン紙を青変させる気体」とあったら，Cl_2かO_3である。
- □ 「酢酸鉛（Ⅱ）や硫酸銅（Ⅱ）の水溶液に通じると黒色沈殿が生じる気体」とあったら，H_2Sである。
- □ 「2つの気体を合わせたら白煙が生じた」とあったら，NH_3とHClである。

Chapter

8

アルカリ金属

アルカリ金属

はじめに

アルカリ金属とは，水素以外の１族元素のことをいい，
リチウムLi，ナトリウムNa，カリウムK，
ルビジウムRb，セシウムCs，フランシウムFrの６種類があります。

このChapterでは，主に，Li，Na，Kについて見ていくのですが，
どれも右ページのような共通した性質があります。

「こんなに羅列されても……」
そう思った人もいると思いますが，
このChapterが終わったときには丸暗記することなく，
しっかりと頭に入っているはずです。

おやおや，ハカセはなにやらロボットを作り始めたみたいですね。
クマの「ロボットが欲しい」という願いを叶えてあげるようです。
ハカセの優しい一面が見えますね。

この章で勉強すること

ナトリウムNaの単体や化合物の性質を中心に見ていきましょう。

アルカリ金属 …Li，Na，K，Rb，Cs，Fr

共通した性質

① １個の価電子を持ち，１価の陽イオンになりやすいです。

② イオン化エネルギーが小さいので，反応性に富み，自然界では単体として存在しません。
（イオンになりやすいので，他のイオンと結合して化合物になっているのです）

③ 溶融塩電解をして単体を得ますが，空気中の酸素や水と反応するので，石油中に保存します。

④ 水と反応し，強い塩基性を示します。

⑤ 炎色反応を示します。

8-1 ナトリウムの単体

ココをおさえよう！

ナトリウムの単体は溶融塩電解によって生成され，石油中に保存する。

ナトリウムNaは，開発中のロボットに例えましょう。
ハカセのロボットの開発にまつわる物語を読みながら，
ナトリウムの単体やナトリウムの化合物について，理解を深めましょう。

【製法】

ナトリウムの単体は，塩化ナトリウムNaClの**溶融塩電解**（**融解塩電解**）によって生成されます。
（ハカセは電気をビリビリ流しながら，ナトリウムロボを作っているようですね）

溶融塩電解
普通，「電解（電気分解）」というと，水に溶かして電気を流すことを指しますが，溶融塩電解は文字通り，「塩を高温で溶かし（融解し）電気を流すこと」を指します。

【性質】

ナトリウムの単体は，**空気に触れると酸素によって酸化されたり水と反応してしまうため，石油中に保存**します。

・酸素との反応：$4Na + O_2 \longrightarrow 2Na_2O$

・水との反応：$2Na + 2H_2O \longrightarrow \underline{2NaOH} + H_2$
（水酸化ナトリウム：強塩基）

なぜこのような反応をするかというと，
ナトリウム（をはじめとするアルカリ金属）は，イオン化傾向が大きく，
電子1個を放出して1価の陽イオンになりやすいからです。
（ハカセが開発中のナトリウムロボも外気に触れないように石油中に保存しているようです）

Point ･･･ナトリウムNaの単体の性質

◎ 溶融塩電解で生成される。
◎ 空気に触れると反応してしまうので，石油中に保存する。
◎ 水と反応し，水酸化ナトリウム（強塩基）になる。

ナトリウムNa

単体

• 溶融塩電解によって生成。

• 石油中に保存。

・空気中で酸素と反応する。

$4Na + O_2 \longrightarrow 2Na_2O$

・空気中の水と反応する。

$2Na + 2H_2O \longrightarrow 2NaOH + H_2$

ナトリウム(をはじめとするアルカリ金属)は
・イオン化傾向が大きい(反応性が高い)。
・電子１個を放出して，１価の陽イオンになりやすい。

8-2 水酸化ナトリウム

ココをおさえよう！

水酸化ナトリウムには潮解性があるので，空気中に放置してはいけない。

それでは次に，ナトリウムの化合物について見てみましょう。
まずは，**水酸化ナトリウムNaOH**について。

【製法】
水酸化ナトリウムは，**白色固体で，塩化ナトリウム水溶液の電気分解によって作られます。**
（今度はまた，違う液体に電気をビリビリ流して，水酸化ナトリウムロボを作っているようです）

【性質】
空気中に放置すると水蒸気を吸収し，表面がぬれるという性質があります。
この性質を**潮解性**といいます。
（水酸化ナトリウムロボは，どうやら外気にさらされていると，表面がぬれてきてしまうようです）

また，水酸化ナトリウムは水によく溶け，**強い塩基性**を示します。
（水にぬれると，水酸化ナトリウムロボは強塩基性の液体となってドロドロと溶けてしまうようです……）

（「これではクマを喜ばせられない」そう思ったハカセは，頭をひねりました。
そして，1つのひらめきが浮かんできました！
「量産すれば耐久性のあるものが1つくらいはできるかもしれん」）

水酸化ナトリウム NaOH

製法

- 塩化ナトリウム水溶液を
  電気分解して生成。

性質

- 潮解性
  (空気中の水蒸気を吸収して表面がぬれる)
- 水によく溶け，強い塩基性を示す。

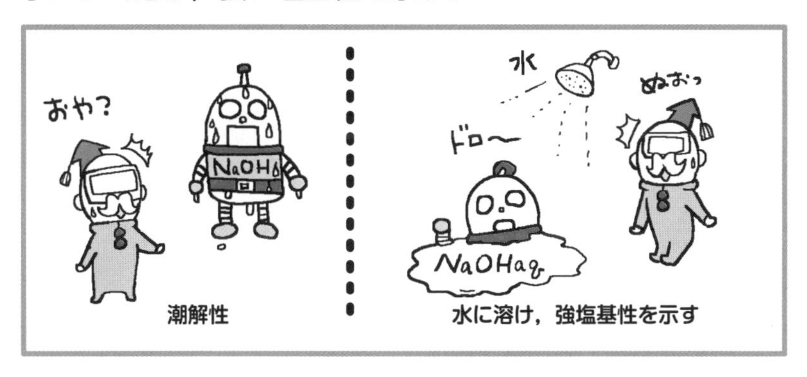

潮解性　水に溶け，強塩基性を示す

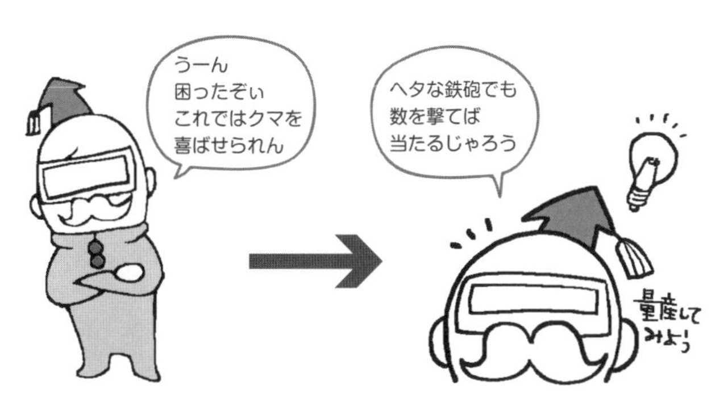

ここまでやったら
別冊 P. 26 へ

8-3 アンモニアソーダ法

ココをおさえよう！

アンモニアソーダ法の中心となる式（＊）を覚えよう！

続いて，**炭酸ナトリウム Na_2CO_3** に関してです。

【製法】
炭酸ナトリウムは，工業的には**アンモニアソーダ法**（**ソルベー法**）によって作られます。
（ハカセは，今度はロボットを大量に作るため，次のような工程を用いてロボットの製造に取りかかりました）

アンモニアソーダ法では，以下の（＊）式が，反応の中心となる，重要な反応式です。

$$NaCl + \boxed{NH_3} + \boxed{CO_2} + H_2O \longrightarrow \underset{①}{\boxed{NaHCO_3}} + \underset{②}{\boxed{NH_4Cl}} \quad \cdots\cdots (*)$$

こうしてできた炭酸水素ナトリウム $NaHCO_3$ を加熱することで，
炭酸ナトリウム Na_2CO_3 は生成されます。

① $2\boxed{NaHCO_3} \longrightarrow \boxed{Na_2CO_3} + H_2O + \boxed{CO_2}$

さて，先ほどできた塩化アンモニウム NH_4Cl は，酸化カルシウム CaO と反応させることでアンモニア NH_3 を発生させ，再利用します。

② $2\boxed{NH_4Cl} + CaO \longrightarrow CaCl_2 + H_2O + 2\boxed{NH_3}$

また，その CaO はそもそも炭酸カルシウム $CaCO_3$ を加熱して生成したものですが，その際に発生した CO_2 も最初の反応（＊）に利用されます。

③ $CaCO_3 \longrightarrow CaO + \boxed{CO_2}$

炭酸ナトリウムNa_2CO_3の製法

• アンモニアソーダ法（ソルベー法）

中心となる（重要な）式

$$NaCl + NH_3 + CO_2 + H_2O \longrightarrow NaHCO_3 + NH_4Cl \quad \cdots\cdots(*)$$

アンモニアソーダ法

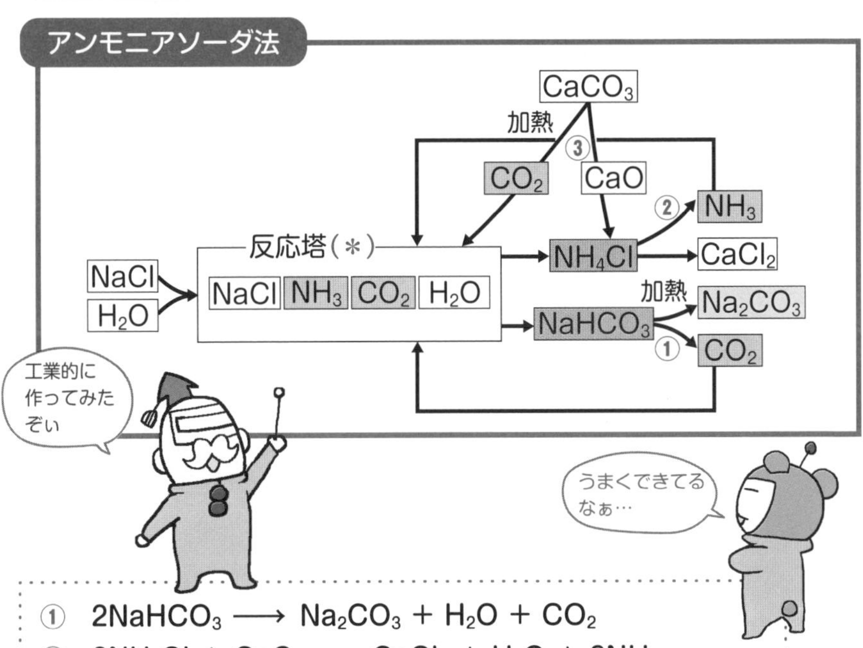

① $2NaHCO_3 \longrightarrow Na_2CO_3 + H_2O + CO_2$

② $2NH_4Cl + CaO \longrightarrow CaCl_2 + H_2O + 2NH_3$

③ $CaCO_3 \longrightarrow CaO + CO_2$

8-4 炭酸ナトリウム

ココをおさえよう！

炭酸ナトリウムは風解する。

【性質】
こうしてできた炭酸ナトリウムNa_2CO_3は，**白色固体の粉末**で，水に溶けて**塩基性**を示します（強塩基NaOHと弱酸H_2CO_3の塩なので）。

（やはり，ハカセの作るロボットは水に弱いようです……）

炭酸ナトリウムは，水溶液から析出させると**十水和物の結晶$Na_2CO_3 \cdot 10H_2O$**となって得られますが，これを空気中に放置すると，水和水を失って一水和物$Na_2CO_3 \cdot H_2O$となります。このような現象を**風解**といいます。

（ハカセがせっかく作った炭酸ナトリウムロボも，空気中に放置しておくとぼろぼろになって風解してしまうことがわかりました）

（ハカセはとうとう寝込んでしまいました……）

Point ・・・炭酸ナトリウムNa_2CO_3の性質

◎ アンモニアソーダ法（ソルベー法）によって生成される。
◎ 水によく溶け，塩基性を示す。
◎ 空気中に放置すると，風解する。

炭酸ナトリウムNa_2CO_3の性質

・水に溶けて塩基性を示す。

水に溶けて塩基性を示す

・風解する。

➡ 十水和物の結晶 $Na_2CO_3 \cdot 10H_2O$ を
空気中に放置すると,
一水和物 $Na_2CO_3 \cdot H_2O$ になる。

風解

ここまでやったら
別冊 P. 27へ

8-5 炭酸水素ナトリウム

ココをおさえよう！

炭酸水素ナトリウムは，加熱したり，酸と反応させると，二酸化炭素を発生する。

次は，**炭酸水素ナトリウム $NaHCO_3$** に関してです。

【性質】
炭酸水素ナトリウムは，先ほどのアンモニアソーダ法で出てきたように，
加熱すると二酸化炭素を発生し，炭酸ナトリウムとなります。

$$2NaHCO_3 \longrightarrow Na_2CO_3 + H_2O + CO_2$$ （p.182の①の式）

この二酸化炭素が発生することを利用して，
炭酸水素ナトリウムは**入浴剤の原料やベーキングパウダー（重曹）**として使われています。

（ハカセは，熱いお風呂に入ったり，大好きなホットケーキを食べたりして，元気を取り戻したようです）

炭酸水素ナトリウム $NaHCO_3$

性質

- 加熱すると二酸化炭素を発生し，炭酸ナトリウムになる。

$$2NaHCO_3 \longrightarrow Na_2CO_3 + H_2O + \underline{\underline{CO_2}}$$

用途

- 二酸化炭素 CO_2 が発生することを利用して，入浴剤の原料やベーキングパウダー(重曹)として使われる。

炭酸水素ナトリウム$NaHCO_3$は塩酸などの**酸と反応しても，二酸化炭素を発生**します。

例：$NaHCO_3 + HCl \longrightarrow NaCl + H_2O + CO_2$

というのも，次の反応式のように，$NaHCO_3$は，
NaOH（強塩基）と炭酸H_2CO_3（弱酸）が反応してできた塩（弱酸の塩）ですので，
強酸と反応することで，炭酸H_2CO_3が遊離したのです。
炭酸は水に溶けにくいので，二酸化炭素と水に分かれてしまいますけどね。

$$\underset{\text{弱酸の塩}}{\underline{NaHCO_3}} + \underset{\text{強酸}}{\underline{HCl}} \longrightarrow (\underset{\text{強酸の塩}}{\underline{NaCl}} + \underset{\text{弱酸遊離}}{\underline{H_2CO_3}}) \longrightarrow NaCl + H_2O + \underline{\underline{CO_2}}$$

（あら，強酸とも反応して，ロボットはドロドロになってしまったようです）

弱酸の塩＋強酸 ⟶ 強酸の塩＋弱酸
弱塩基の塩＋強塩基 ⟶ 強塩基の塩＋弱塩基
となります。強酸や強塩基は電離度が高い，つまりすぐに分かれてイオン化しますが，弱酸や弱塩基は電離度が低い，つまり酸や塩基の姿でいようとしますので，このような反応が起こるのです。

そこで，炭酸水素ナトリウムは，**胃酸（酸性を帯びた液体）を中和する胃腸薬**にも使われています。
（ハカセは，とうとう胃が痛くなってしまい，胃腸薬を飲みました）

（こうして，ハカセはナトリウムロボ作りを成功させることはできませんでした。
でも助手孝行をしたいという気持ちはクマに伝わったようですね）

Point・・・炭酸水素ナトリウム$NaHCO_3$の性質

◎　加熱をすると二酸化炭素を発生する。
◎　塩酸を加えても二酸化炭素を発生する。
◎　水に溶かすと塩基性の水溶液になる。

性質(つづき)

・酸と反応して，二酸化炭素を発生する。

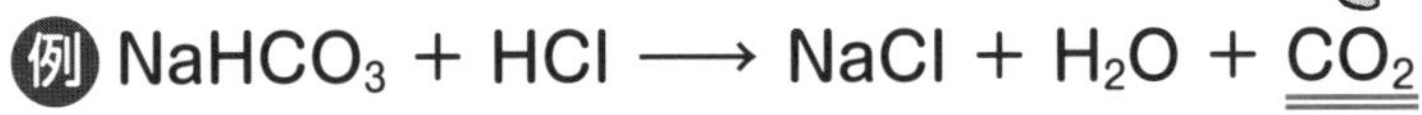

というのも…

NaHCO$_3$ は弱酸の塩なので，
強酸と反応して弱酸が遊離する
のです。

$$\underset{\text{弱酸の塩}}{NaHCO_3} + \underset{\text{強酸}}{HCl} \longrightarrow (\underset{\text{強酸の塩}}{NaCl} + \underset{\text{弱酸遊離}}{H_2CO_3})$$

$$\longrightarrow NaCl + H_2O + \underline{\underline{CO_2}}$$

ここまでやったら
別冊 P. 28 へ

8-6 リチウム，カリウム

ココをおさえよう！

リチウム，カリウムの単体は反応性に富み，石油中で保存する。

今度は，**リチウムLi**，**カリウムK**の単体について軽くお話ししましょう。

【製法】

リチウム，カリウムの単体は，ナトリウムと同様に**溶融塩電解**で生成されます。

【性質】

イオン化傾向が大きいので反応性に富み，**石油中に保存**する必要があります。

さらに，水と反応し，**塩基性**を示します。

$$2K + 2H_2O \longrightarrow 2KOH + H_2$$

（ハカセはこりずに，今度はリチウムロボ，カリウムロボを作り始めたようです。性質はナトリウムロボとほとんど同じだというのに……）

リチウムLi　カリウムK

製法　・溶融塩電解によって生成。

性質

- イオン化傾向が大きい(反応性が高い)。
- 石油中に保存。
- 水と反応し，塩基性を示す。

反応性が高い

石油中に保存

水に溶けて塩基性

ここまでやったら
別冊 P. 28 へ

8-7 炎色反応

ココをおさえよう！

リアカーなきK村，動力借りようとするもくれない，馬力でいこう！

さて，アルカリ金属について見てきましたが，
このアルカリ金属は，水中ではNa^{+}やLi^{+}，K^{+}などの形で水に溶けたまま，
なかなか沈殿物を作りません。

そこで，Na^{+}，Li^{+}，K^{+}が含まれているかどうかを判定するときには，
試薬を加えて沈殿ができるかどうかで調べるのではなく，
炎で燃やしてそのときの色を見ます。

これらは，元素特有の色を発するので，どの元素が含まれているかを判定することができるのです。これを**炎色反応**といいます。

アルカリ金属だけでなく，次のChapter 9に出てくるアルカリ土類金属や，
他の金属においても炎色反応で判定する場合があります。

金属と炎色反応の色の覚えかたがあるので，以下の文を覚えましょう。
「リアカー　なき　K村，　動力　借りようと　するもくれない，馬力でいこう！」
（Li：赤）（Na：黄）（K：紫）（Cu：緑）（Ca：橙）（Sr：紅）（Ba：緑）

打ち上げ花火がさまざまな色をしているのは，
この炎色反応を利用しているからなのですよ。
（ロボット作りには失敗したけど，花火を見てみんなの絆は深まったようですね）

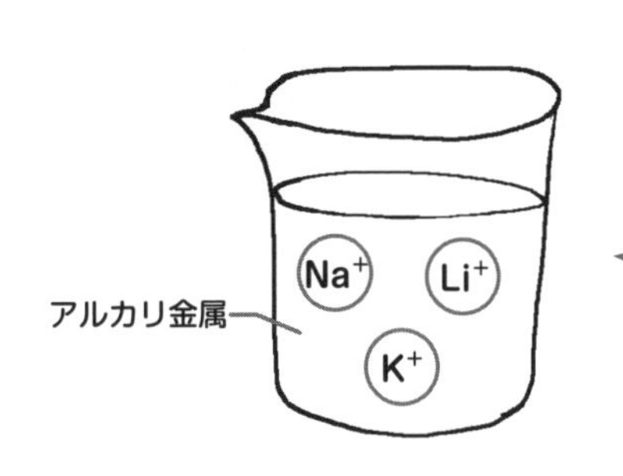

なかなか沈殿しない

アルカリ金属が含まれるか
どうかを判定しづらい

そこで……

炎色反応 …炎で燃やすと，元素特有の色を発するので，
どの元素が含まれているかを判定できる。

リアカー　なき　K村，動力
(Li：赤)　(Na：黄)　(K：紫)　(Cu：緑)

借りようと　するもくれない
(Ca：橙)　(Sr：紅)

馬力　でいこう！
(Ba：緑)

ここまでやったら
別冊 P. 29へ

理解できたものに，☑チェックをつけよう。

- ☐ Na，Li，Kの単体は，溶融塩電解で生成され，石油中で保存する。
- ☐ Na，Li，Kはイオン化傾向が大きく，電子１個を放出して１価の陽イオンになりやすい。
- ☐ Na，Li，Kは水に溶け，強い塩基性を示す。
- ☐ NaOHには潮解性があり，水に溶けると強い塩基性を示す。
- ☐ Na_2CO_3はアンモニアソーダ法によって生成される。
- ☐ $Na_2CO_3 \cdot 10H_2O$ は風解する。
- ☐ $NaHCO_3$は加熱したり酸と反応すると，二酸化炭素を発生する。
- ☐ 炎色反応をする金属と，その色を覚えている。

Chapter

9

アルカリ土類金属

Chapter 9 アルカリ土類金属

はじめに

アルカリ土類金属とは，2族元素のことをいい，ベリリウムBe，マグネシウムMg，カルシウムCa，ストロンチウムSr，バリウムBa，ラジウムRaの6種類があります（ベリリウムBe，マグネシウムMgはアルカリ土類金属に含めない場合があります）。

このChapterでは，主に，アルカリ土類金属の中でもカルシウムCaとバリウムBaについて見ていきますが，最後には，ベリリウムBeとマグネシウムMgとの違いについても触れています。

この章で勉強すること

カルシウムCaの単体や化合物，バリウムBaの化合物の性質を中心に見ていきましょう。

アルカリ土類金属

2族元素（ベリリウムBe，マグネシウムMg，
カルシウムCa，ストロンチウムSr，バリウムBa，
ラジウムRa）

9-1 2族元素

ココをおさえよう！

2族元素は2価の陽イオンになりやすく，単体は溶融塩電解で生成する。

2族元素に共通した性質を，ここで紹介しましょう。

まず，**2族元素は価電子を2個**持っています。
よって，**2個の価電子を失い，2価の陽イオンになりやすい**という性質を持ちます。

$$M \longrightarrow M^{2+} + 2e^-$$

イオンになりやすいので，自然界では化合物として存在しており，**単体として存在しません。**そこで，アルカリ金属と同じく**溶融塩電解**（**融解塩電解**）をして生成します。

また，**銀白色の光沢を持ち**，
表面が酸化されると，光沢を失うという共通した性質も持っています。

2族元素

共通の性質

・価電子を2個持っている。

➡ 2個の価電子を失い，2価の陽イオンになりやすい。

$$M \longrightarrow M^{2+} + 2e^-$$

・(イオンになりやすいので，自然界には)単体として存在しない。

・溶融塩電解で生成する。

・銀白色の光沢を持つ。

ここまでやったら
別冊 P. 29へ

9-2 アルカリ土類金属

ココをおさえよう！

2族元素をアルカリ土類金属と呼ぶ。

2族元素を**アルカリ土類金属**といい，性質によって，大きく**「Be, Mg」**と**「Ca, Sr, Ba, Ra」**に分けられます。
（Be，Mgはアルカリ土類金属に含めない場合があります）

アルカリ土類金属の“土類”とは，CaO，SrO，BaOといった酸化物の，熱を加えても変化せず，水にわずかに溶けて塩基性を示すという性質が，当時の「土」の概念と同じであったことからきているといわれています。

ということで，あとでまとめますが，
アルカリ金属の塩がどれも水に可溶だったのに対し，
Ca，Sr，Ba，Raのイオンは，**CO_3^{2-}，SO_4^{2-}などと塩を作り，**
（“土”類金属なので）**水に溶けにくいのです。**

つまり，**$CaCO_3$，$CaSO_4$，$BaCO_3$，$BaSO_4$などはどれも水に不溶**ということですね！（この4つは代表的なので覚えておきましょう）

その他，Ca，Sr，Ba，Raには，次のような共通した性質があります。
- **単体は，常温の水と反応する**（Be，Mgの単体は常温の水とは反応しない）

$$M + 2H_2O \longrightarrow M(OH)_2 + H_2$$

- **水酸化物が水に溶ける**（Be，Mgの水酸化物は水に溶けない）
- **炎色反応を示す**（Be，Mgは炎色反応を示さない）

同じ2族元素でも，Be，Mgとはだいぶ違いますね。

Point ･･･2族元素

◎ 価電子を2個持ち，2価の陽イオン（M^{2+}）になりやすい。
◎ 単体は溶融塩電解によって生成される。
◎ 2族元素をアルカリ土類金属と呼ぶ。
◎ $CaCO_3$，$CaSO_4$，$BaCO_3$，$BaSO_4$は水に不溶。

アルカリ土類金属

2族元素 ＝**アルカリ土類金属**

Be，Mg　　Ca，Sr，Ba，Ra

Ca，Sr，Ba，Ra：CO_3^{2-}, SO_4^{2-}と塩を作る → 水に溶けにくい！（だから"土"類）

9

Ca, Sr, Ba, Ra の性質

• 単体は，常温の水と反応する。

$$M + 2H_2O \longrightarrow M(OH)_2 + H_2$$

• 水酸化物が水に溶ける。

• 炎色反応を示す。

ここまでやったら 別冊 P. 30へ

9-3 炭酸カルシウム

ココをおさえよう！

炭酸カルシウムは，塩酸と反応して二酸化炭素を発生する。

では，まず，**カルシウムの化合物**についてお話ししましょう。

（おや，どうやらここで，3人は美術館に遊びに行ったようです。
カルシウムの化合物のお話は，美術館でお話ししましょうか）

まずは，**炭酸カルシウム $CaCO_3$**について。
$CaCO_3$は，**大理石**や**石灰岩**の主成分となっています。
（クマもニャンタローも，美術館は初めてのようですね！）

$CaCO_3$は，**塩酸 HCl と反応して二酸化炭素 CO_2 を発生**します。
（この反応はp.188で説明した弱酸の遊離です）

$$CaCO_3 + 2HCl \longrightarrow \underline{\underline{CaCl_2}} + H_2O + \underline{CO_2}$$

ここで生成された塩化カルシウム$CaCl_2$については9-4で触れますね。

また，$CaCO_3$を熱すると，分解してCO_2を生じ，
酸化カルシウム CaOになります。

$$CaCO_3 \longrightarrow \underline{\underline{CaO}} + CO_2$$

CaOについても9-4で触れますよ。

（あ！　クマとニャンタローはイタズラしてしまったようです……）

9

カルシウムの化合物

炭酸カルシウム $CaCO_3$

- 大理石，石灰岩の主成分。
- 塩酸と反応して，二酸化炭素を発生。

$$CaCO_3 + 2HCl$$
$$\longrightarrow CaCl_2 + H_2O + CO_2$$

（次ページへ）

- 熱すると分解して CO_2 を生じ，酸化カルシウム CaO になる。

$$CaCO_3 \longrightarrow CaO + CO_2$$

（次ページへ）

9-4 酸化カルシウム，水酸化カルシウム

ココをおさえよう！

酸化カルシウムは，水と反応して水酸化カルシウムになる。

酸化カルシウムCaO（**生石灰**ともいいます）に水を加えると，
水酸化カルシウム $Ca(OH)_2$（**消石灰**ともいいます）になります。

$$CaO + H_2O \longrightarrow Ca(OH)_2$$

その際，多量の熱を発生するので，お弁当を温める際の発熱剤の材料として使われています。
（2人はお構いなしに，お弁当を食べ始めたようです）

ちなみに，このお弁当には，先ほど出てきた**塩化カルシウム $CaCl_2$** も食品添加物として使われているようですね。
（無水物は吸湿性が強いため，**潮解性**（p.180）があります）

さて，水酸化カルシウム $Ca(OH)_2$ の飽和水溶液（石灰水）は，p.144で出てきたように，CO_2 を吹き込むと，炭酸カルシウム $CaCO_3$ が沈殿してくるので，白く濁ってきます。さらに CO_2 を吹き込むと，炭酸水素カルシウム $Ca(HCO_3)_2$ となって水に溶解するので，白濁は消えます。

$$Ca(OH)_2 + CO_2 \longrightarrow CaCO_3 + H_2O$$ ……（白濁する）

$$CaCO_3 + CO_2 + H_2O \longrightarrow Ca(HCO_3)_2$$ ……（過剰に加えると白濁が消える）

補足 $Ca(OH)_2$ に Cl_2 を加えると，さらし粉が生成されます。

$$Ca(OH)_2 + Cl_2 \longrightarrow CaCl(ClO) \cdot H_2O$$

酸化カルシウム CaO ◀ 生石灰

性質

• 水を加えると，水酸化カルシウム $Ca(OH)_2$ になる。

$$CaO + H_2O \longrightarrow Ca(OH)_2$$

塩化カルシウム $CaCl_2$

性質

• 潮解性がある。

（食品添加物として使用される）

水酸化カルシウム $Ca(OH)_2$ ◀ 消石灰

• 飽和水溶液を石灰水という。

性質

• CO_2 を吹き込むと，白く濁る。

$$Ca(OH)_2 + CO_2 \longrightarrow \underline{\underline{CaCO_3}} + H_2O$$

白濁

さらに吹き込むと，透明になる。

$$CaCO_3 + CO_2 + H_2O \longrightarrow \underline{\underline{Ca(HCO_3)_2}}$$

透明

9-5 硫酸カルシウム

ココをおさえよう！

硫酸カルシウムの二水和物は，加熱して加水すると硬化する。

（さて，お腹いっぱいになって，また2人は遊び始めたようです）

硫酸カルシウム $CaSO_4$ は，自然界では**二水和物 $CaSO_4 \cdot 2H_2O$（セッコウ）**として存在します。

これを加熱すると，**半水和物 $CaSO_4 \cdot \frac{1}{2}H_2O$（焼きセッコウ）**となります。

焼きセッコウに水を加えると再びセッコウに戻って硬化するので，
焼きセッコウは医療用ギプスや工芸品などに使われます。

$$\underset{\text{セッコウ}}{\underline{\underline{CaSO_4 \cdot 2H_2O}}} \underset{\text{加水（硬化）}}{\overset{\text{加熱}}{\rightleftarrows}} \underset{\text{焼きセッコウ}}{\underline{\underline{CaSO_4 \cdot \frac{1}{2}H_2O}}} + \frac{3}{2}H_2O$$

（クマとニャンタローは，セッコウを使って自分たちの彫刻を作ったようです……）

Point ・・・カルシウムCaの化合物のまとめ

◎ 炭酸カルシウムは，塩酸と反応させたり，熱することで二酸化炭素を発生する。
（重要な反応式：$CaCO_3 + 2HCl \longrightarrow CaCl_2 + H_2O + CO_2$）
◎ 酸化カルシウムに水を加えると，水酸化カルシウムになる。
◎ 塩化カルシウムには潮解性がある。
◎ 硫酸カルシウムはセッコウとして使われている。

硫酸カルシウム $CaSO_4$

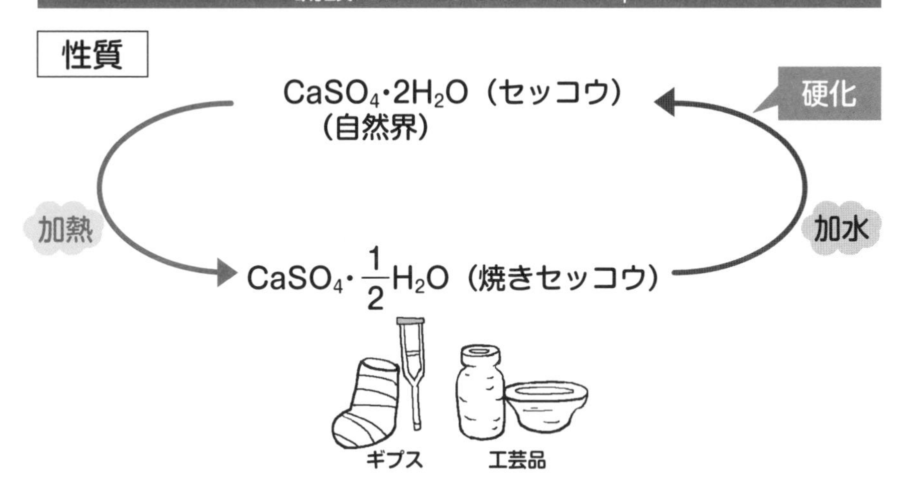

9-6 バリウム

ココをおさえよう！

硫酸バリウムは白い固体で，X線検査の造影剤として使われている。

続いて，**バリウムBa**に関してお話ししましょう。

（あまりにイタズラがすぎるので，ハカセは2人を病院に連れて行くことにしました。レントゲンを撮るということですが……）

9-2で軽く触れましたが，バリウムの硫酸塩である**硫酸バリウム $BaSO_4$** は，**水にきわめて溶けにくく**，空気や熱，光，酸に対しても安定しています。
X線も遮蔽（しゃへい）するため，**X線検査の造影剤として**用いられます。
安定しているので，バリウム剤として体内に入れても害がないのですね。

（あらあら，2人とも造影剤を飲んで気持ち悪くなったようですね）

それではここで話題を変えて，その他のアルカリ土類金属である
Be，Mgを，9-7で見てみましょう。

硫酸バリウム $BaSO_4$

性質

- 水にきわめて溶けにくい。
- X 線を遮蔽するので，X 線検査の造影剤として使用。

ここまでやったら
別冊 P. 31 へ

9-7 ベリリウム，マグネシウム

ココをおさえよう！

Be，Mgは，Ca，Sr，Ba，Raとさまざまな違いがある。

「Be，Mg」の硫酸塩（$BeSO_4$，$MgSO_4$）は**水に溶けやすい性質**があります。
なので，他のアルカリ土類金属（Ca，Sr，Ba，Ra）とは性質が違います。

その他，「Be，Mg」と「Ca，Sr，Ba，Ra」との違いは右ページのようになっています。イラストを見ながら，覚えてくださいね！

また，Ca^{2+}やMg^{2+}を多く含む水を**硬水**，少ない水を**軟水**といいます。
（ミネラルウォーターにも「硬水」や「軟水」という表示がありますね）

日本は一般に軟水が多いといわれるのであまり感じないかもしれませんが，
硬水でセッケンを使うと，泡立ちが悪かったり，洗浄力が低下したりします。
これは，**Ca^{2+}やMg^{2+}がセッケン分子と反応して不溶性の塩となるから**です。

例：$2RCOO^- + Ca^{2+} \longrightarrow (RCOO)_2Ca$

ベリリウム Be　マグネシウム Mg

〈「Be，Mg」と「Ca，Sr，Ba，Ra」の違い〉

	Be，Mg	Ca，Sr，Ba，Ra
硫酸塩 (MSO_4) は水に……	溶ける	溶けない
水酸化物 ($M(OH)_2$) は水に……	溶けない	溶ける
単体は常温の水と……	反応しない	反応する
炎色反応は……	示さない	示す

Be, Mg は
Ca, Sr, Ba, Ra と
全然性質が違うニャ

修行不足だ…
兄貴〜っ
$BeSO_4$
$MgSO_4$
ドロ〜
溶ける

ふは〜っ!!
$Be(OH)_2$
$Mg(OH)_2$
溶けない

^^^…
Be
Mg
反応しない

Be
Mg
示さない

その他

- Ca^{2+}，Mg^{2+}を多く含む水を硬水，少ない水を軟水という。
- 硬水を使うと，セッケンの泡立ちが悪い。

ここまでやったら
別冊 P. 31 へ

理解できたものに，☑チェックをつけよう。

- [ ] ２族元素は２価の陽イオンになりやすい。
- [ ] ２族元素の単体は，溶融塩電解で得られる。
- [ ] ２族元素をアルカリ土類金属という。
- [ ] Ca，Sr，Ba，Raは，$CO_3{}^{2-}$，$SO_4{}^{2-}$ などと水に不溶の塩を作る。
- [ ] Ca，Sr，Ba，Raの単体は，常温の水と反応する。
- [ ] Ca，Sr，Ba，Raの水酸化物は水に溶ける。
- [ ] Ca，Sr，Ba，Raは炎色反応を示す。
- [ ] $CaCO_3$はHClと反応してCO_2を発生する。
- [ ] $CaCO_3$は加熱すると，CO_2を発生してCaOになる。
- [ ] CaOは生石灰と呼ばれ，水と反応して$Ca(OH)_2$となる。
- [ ] $CaCl_2$は潮解性がある。
- [ ] $CaSO_4 \cdot 2H_2O$をセッコウといい，加熱すると$CaSO_4 \cdot \frac{1}{2}H_2O$(焼きセッコウ)となる。
- [ ] $BeSO_4$，$MgSO_4$は水に溶けやすい。
- [ ] Ca^{2+}，Mg^{2+} を多く含む水を硬水という。

Chapter

10

両性元素

両性元素

はじめに

このChapterでは，酸とも塩基とも反応する元素，
両性元素について説明していきます。

酸や塩基と反応する際の化学反応式も大事ですが，
特に塩基と反応する際には

・アンモニア水や水酸化ナトリウム水溶液を少量加えたとき
・アンモニア水を過剰量加えたとき
・水酸化ナトリウム水溶液を過剰量加えたとき

の3つで反応が異なるので，しっかりと覚えてくださいね！

この章で勉強すること

まずは，両性元素が酸や塩基と反応したときの変化をまとめます。
次に，各両性元素がどのような性質を持っているのかについて触れていきます。

塩基との反応

- アンモニア水や水酸化ナトリウム水溶液を少量加えたとき。
- アンモニア水を過剰量加えたとき。
- 水酸化ナトリウム水溶液を過剰量加えたとき。

↓

この3つは反応が異なるので注意が必要！

10-1 両性元素

ココをおさえよう！

両性元素の単体・酸化物・水酸化物は，いずれも酸・塩基と反応する。

今度は，両性元素についてお話ししましょう。
両性元素とは，**酸・塩基の両方と反応する性質を持つ元素**のことです。
両性元素の**単体・酸化物・水酸化物は，酸・塩基のいずれにも反応**し，
塩を生成します。
つまり，酸・塩基の両方と仲良くなれるということですね。

主な両性元素はAl，Zn，Sn，Pbですので，
「**あ**(Al) **あ**(Zn)，**スン**(Sn) **ナリ**(Pb)仲良くなれる」
と覚えましょう！
（p.34でも同様の説明をしましたね。）

両性元素はどれも金属なので，**両性金属**ともいいます。

共通して重要なポイントは，
アルミニウムはAl^{3+}として，亜鉛，スズ，鉛はそれぞれZn^{2+}，Sn^{2+}，Pb^{2+}として反応する，ということです。

さて，両性元素はどれも酸・塩基と反応するといいましたが，
その際のポイントとなる点と注意点をまとめていきましょう。

両性元素の単体

両性元素の酸化物

両性元素の水酸化物

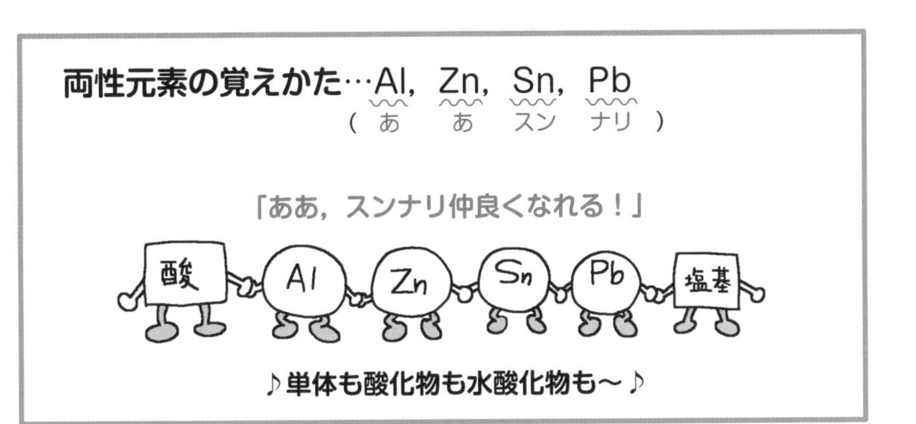

・**反応するときの主な状態**…Al^{3+}，Zn^{2+}，Sn^{2+}，Pb^{2+}

10-2 両性元素と酸との反応

ココをおさえよう！

両性元素は酸と反応し，水素または水が発生する。

【酸との反応のポイント】
両性元素と酸（塩酸HClを使いました）との反応は，右ページのようになります。
どれも生成物を**塩にしようと係数調整をすると，式を作ることができます。**
その際，水素または水が発生することを覚えておくといいでしょう。
また，Zn，Sn，Pbはどれも同様の反応なので，Mとしています。

【酸との反応の注意点】
しかし，**アルミニウム**は**濃硝酸や熱濃硫酸との反応では，**
表面に緻密(ちみつ)な酸化被膜を形成し，それ以上内部が酸化されないような状態になります。この状態を，**不動態**※といいます。

※ 不動態に関しては，p.36とp.126を読み返しましょう。

酸との反応のポイント

- 生成物を塩にしようと係数を調整して式を作る。
- 水素または水が生成する。

- **単体＋酸**

$2Al + 6HCl \longrightarrow 2AlCl_3 + 3H_2$

$M + 2HCl \longrightarrow MCl_2 + H_2$ （M＝Zn，Sn，Pb）

- **酸化物＋酸**

$Al_2O_3 + 6HCl \longrightarrow 2AlCl_3 + 3H_2O$

$MO + 2HCl \longrightarrow MCl_2 + H_2O$ （M＝Zn，Sn，Pb）

- **水酸化物＋酸**

$Al(OH)_3 + 3HCl \longrightarrow AlCl_3 + 3H_2O$

$M(OH)_2 + 2HCl \longrightarrow MCl_2 + 2H_2O$ （M＝Zn，Sn，Pb）

例外　アルミニウム ←✕→ 濃硝酸，熱濃硫酸

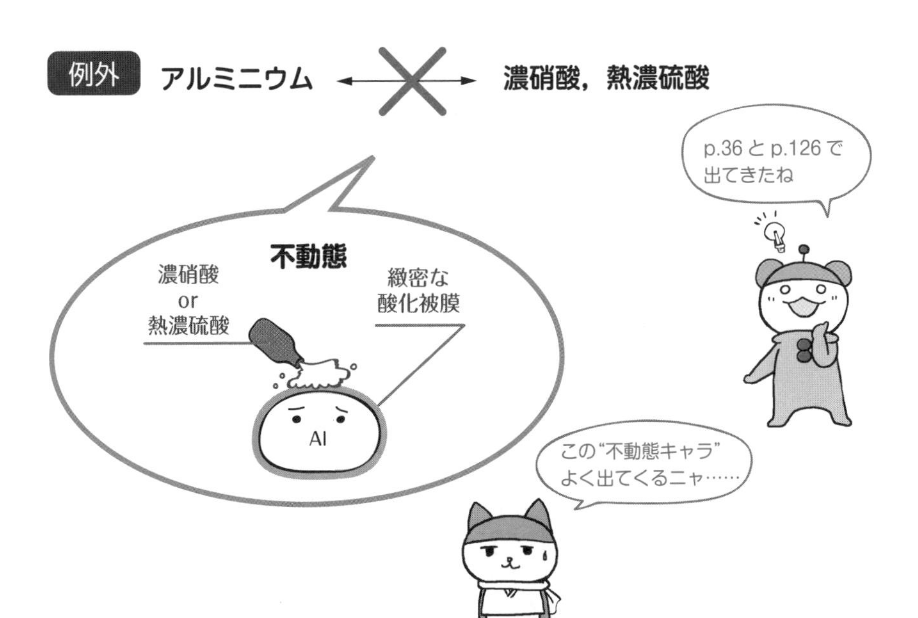

10-3 両性元素と少量の塩基との反応

ココをおさえよう！

水酸化ナトリウム水溶液やアンモニア水を少量加えるのは，OH^-を少量加えることと同じ。

【塩基との反応のポイント】

塩基との反応では，**水酸化ナトリウム水溶液NaOH**と**アンモニア水NH_3**を使用しますが，**それを少量加えるか，過剰量加えるか，によって生成物が違う**というのがポイントです。

【塩基との反応の注意点①】

◆水酸化ナトリウム水溶液，アンモニア水を少量加えた場合◆

まず，**水酸化ナトリウム水溶液を少量加える**，ということと**アンモニア水を少量加える**，というのは，実は同じ操作を表しています。

つまり，どちらも**OH^-を少量加えることと同じ操作**なのです。

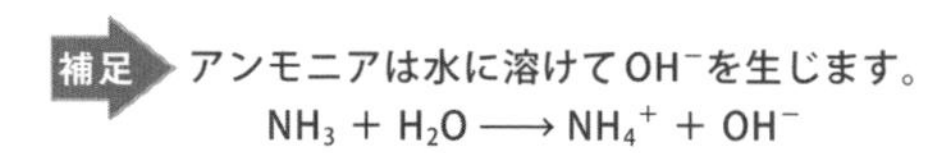

補足 アンモニアは水に溶けてOH^-を生じます。

$$NH_3 + H_2O \longrightarrow NH_4^+ + OH^-$$

そして，**OH^-を少量加える**ことによって，

すべての両性元素のイオンが沈殿を生じます。

$$Al^{3+} + 3OH^-(少量) \longrightarrow Al(OH)_3$$

$$M^{2+} + 2OH^-(少量) \longrightarrow M(OH)_2 \quad (M = Zn,\ Sn,\ Pb)$$

Point ・・・両性元素と少量のOH^-との反応

少量のOH^-(少量の水酸化ナトリウム水溶液，または少量のアンモニア水)と両性元素のイオンとの反応では，すべて沈殿を生じる。

10

塩基との反応のポイント

水酸化ナトリウム水溶液 NaOH やアンモニア水 NH_3 を

それぞれ，少量加えるか，過剰量加えるか？

量で反応が変わるから
困ったもんじゃ

どの反応も覚えないと
いけないのか

塩基との反応の注意点❶
水酸化ナトリウム水溶液，アンモニア水を少量加えた場合

✓ どちらも，OH^-を少量加えることと同じ。

✓ すべての両性元素のイオンが沈殿を生じる。

$$Al^{3+} + 3OH^-(\text{少量}) \longrightarrow \underset{\text{沈殿}}{Al(OH)_3}\downarrow$$

$$M^{2+} + 2OH^-(\text{少量}) \longrightarrow \underset{\text{沈殿}}{M(OH)_2}\downarrow \quad (M = Zn,\ Sn,\ Pb)$$

アンモニアが OH^-を生じる過程

$$NH_3 + H_2O \longrightarrow NH_4^+ + OH^-$$

ここまでやったら
別冊 p.32へ

10-4 両性元素と過剰量の水酸化ナトリウム水溶液との反応

ココをおさえよう！

両性元素はどれも，過剰量の水酸化ナトリウム水溶液で沈殿は再び溶ける。

続いて，水酸化ナトリウム水溶液，アンモニア水をそれぞれ過剰量加えた場合について，くわしく見ていきましょう。

【塩基との反応の注意点②】

◆水酸化ナトリウム水溶液を過剰量加えた場合◆

水酸化ナトリウム水溶液を過剰量加えるというのは，
OH^-を過剰量加える，ということと同じです。

そして，OH^-を過剰量加えることによって，**すべての両性元素の沈殿は消えます**。

$$Al(OH)_3 + OH^- \longrightarrow [Al(OH)_4]^-$$

$$M(OH)_2 + 2OH^- \longrightarrow [M(OH)_4]^{2-} \quad (M = Zn,\ Sn,\ Pb)$$

つまり，例えばAl^{3+}についてまとめると，このようになるのですね。

$$Al^{3+} \longrightarrow (OH^-を少量) \longrightarrow \underset{沈殿}{Al(OH)_3\downarrow} \longrightarrow (OH^-を過剰量) \longrightarrow \underset{溶解}{[Al(OH)_4]^-}$$

他の3つの両性元素のイオンも同じく，水酸化ナトリウム水溶液を少量加えたときは沈殿が生じ，過剰量加えたときは再び溶けるのです。

$$M^{2+} \longrightarrow (OH^-を少量) \longrightarrow \underset{沈殿}{M(OH)_2\downarrow} \longrightarrow (OH^-を過剰量) \longrightarrow \underset{溶解}{[M(OH)_4]^{2-}}$$

Point・・・両性元素と過剰量のOH^-との反応

過剰量のOH^-（過剰量の水酸化ナトリウム水溶液）を加えると，両性元素の沈殿はすべて溶ける。

10

塩基との反応の注意点❷
水酸化ナトリウム水溶液を過剰量加えた場合

✓ OH^-を過剰量加えることと同じ。

✓ すべての両性元素の沈殿は消える。

$$Al(OH)_3 + OH^- \longrightarrow [Al(OH)_4]^-$$

$$M(OH)_2 + 2OH^- \longrightarrow [M(OH)_4]^{2-} \quad (M = Zn, Sn, Pb)$$

ゆえに…

両性元素 × **水酸化ナトリウム水溶液** まとめ

- $Al^{3+} \longrightarrow$ (OH^-を少量) $\longrightarrow Al(OH)_3 \downarrow$ (沈殿)

  $\longrightarrow$ (OH^-を過剰量) $\longrightarrow [Al(OH)_4]^-$ (溶解)

- $M^{2+} \longrightarrow$ (OH^-を少量) $\longrightarrow M(OH)_2 \downarrow$ (沈殿)

  $\longrightarrow$ (OH^-を過剰量) $\longrightarrow [M(OH)_4]^{2-}$ (溶解) (M = Zn, Sn, Pb)

10-5 両性元素と過剰量のアンモニア水との反応

ココをおさえよう！

亜鉛はアンモニアとの反応性が高いので，過剰量のアンモニア水と反応し，溶ける。

【塩基との反応の注意点③】

◆アンモニア水を過剰量加えた場合◆

アンモニア NH_3 との反応性が高い物質の場合，アンモニア水を過剰量加えると，OH^- と入れ替わって NH_3 が配位するようになります。

（その際，錯イオンとなるので再び水に溶けます）

両性元素でいうと，**Zn^{2+} だけ**は NH_3 との反応性が高いので，
配位していた OH^- がすべて NH_3 に入れ替わり，再び水に溶けるようになります。

$$Zn(OH)_2 + 4NH_3 \longrightarrow [Zn(NH_3)_4]^{2+} + 2OH^-$$

一方，他の両性元素に関しては，アンモニア水を過剰量加えても沈殿はそのままです。

$Al(OH)_3$ （沈殿のまま変化なし）
$Sn(OH)_2$ （沈殿のまま変化なし）
$Pb(OH)_2$ （沈殿のまま変化なし）

Point ･･･ 両性元素と過剰量の NH_3 との反応

過剰量の NH_3（過剰量のアンモニア水）を加えると，両性元素の中では亜鉛イオン Zn^{2+} のみ，沈殿が溶ける。

塩基との反応の注意点❸
アンモニア水を過剰量加えた場合

✓ NH_3 との反応性が高い物質の場合，
NH_3 が配位する。
（錯イオンとなり溶解する）

✓ 両性元素では Zn^{2+} のみ，NH_3 が配位する。

$$Zn(OH)_2 + 4NH_3 \longrightarrow [Zn(NH_3)_4]^{2+} + 2OH^-$$

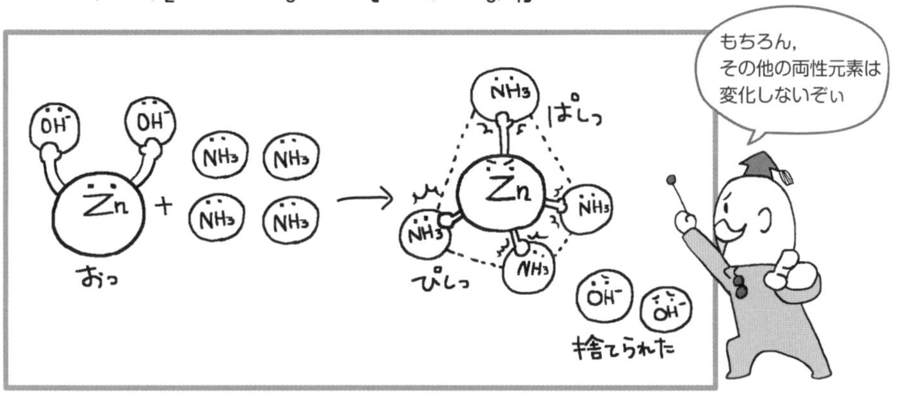

ここで，両性元素と塩基との反応をまとめてみましょう。

① 水酸化ナトリウム水溶液またはアンモニア水を少量加えたら沈殿ができた。
→両性元素はすべてあてはまる。

② 水酸化ナトリウム水溶液を過剰量加えると沈殿が溶けた。
→両性元素はすべてあてはまる。

③ アンモニア水を過剰量加えると沈殿が溶けた。
→両性元素ならZn^{2+}であることがわかる。

補足 ちなみに，Cu^{2+}やAg^{+}も，NH_3を少量加えると沈殿し，過剰量加えると再び溶けるので，③のような現象が起きたからといってZn^{2+}であると決めつけてはいけません。しかし，少量加えたときの沈殿の色が，Zn^{2+}では白色，Cu^{2+}の場合は青白色，Ag^{+}の場合は褐色なので，この色で区別がつきます。
くわしくはp.300にてお話ししますね。

このように，両性元素の酸，塩基との反応は注意することが多いですが，
理屈をきちんと理解すれば，ただの丸暗記ではなく，自然と頭に入ってくるはずです。

10

両性元素 × 塩基 まとめ

次のフレーズが出たら，こんなことがわかりますね。

① 「水酸化ナトリウム水溶液またはアンモニア水を少量加えたら沈殿ができた」

➡ 両性元素はすべてあてはまる。（Al，Zn，Sn，Pb）

② 「水酸化ナトリウム水溶液を過剰量加えると沈殿が溶けた」

➡ 両性元素はすべてあてはまる。

③ 「アンモニア水を過剰量加えると沈殿が溶けた」

➡ 両性元素なら Zn^{2+} のみあてはまる。

➡ その他，Cu^{2+}，Ag^{+} も沈殿が溶ける。

10-6 両性元素と塩基との反応

ココをおさえよう！

両性元素の単体・酸化物・水酸化物は塩基（水酸化ナトリウム水溶液など）に溶ける。

両性元素の単体・酸化物・水酸化物と**塩基**との反応（水酸化ナトリウム水溶液を多量に加えたときの反応）は右ページのようになっています。

どれも，反応後のイオンを表す化学式（イオン式）をしっかりと覚える必要があります。
（Alの場合$[Al(OH)_4]^-$，Zn，Sn，Pbは$[M(OH)_4]^{2-}$の形）
それに合わせて係数を調整しましょう。

また，**単体，及び酸化物との反応**のときには，
水も反応に入ってくることを覚えておくとよいでしょう。

両性元素と塩基との反応については，「少量加えるとき」と「過剰量加えるとき」で分けて考えていましたが，普通，「塩基との反応」といわれたら，十分量（過剰量）の塩基を加えることを意味しています。

なので，生成物は水に溶ける$Na[Al(OH)_4]$ や$Na_2[M(OH)_4]$ などになるような化学反応式を答えるのです。

両性元素の単体，酸化物，水酸化物 × 塩基 まとめ

化学反応式まとめ（水酸化ナトリウム水溶液を多量に加えたとき）

・**単体 ＋ 塩基**

$2Al + 2NaOH + 6H_2O \longrightarrow 2Na[Al(OH)_4] + 3H_2$

$M + 2NaOH + 2H_2O \longrightarrow Na_2[M(OH)_4] + H_2$

（M＝Zn，Sn，Pb）

・**酸化物 ＋ 塩基**

$Al_2O_3 + 2NaOH + 3H_2O \longrightarrow 2Na[Al(OH)_4]$

$MO + 2NaOH + H_2O \longrightarrow Na_2[M(OH)_4]$

（M＝Zn，Sn，Pb）

・**水酸化物 ＋ 塩基**

$Al(OH)_3 + NaOH \longrightarrow Na[Al(OH)_4]$

$M(OH)_2 + 2NaOH \longrightarrow Na_2[M(OH)_4]$ （M＝Zn，Sn，Pb）

ここまでやったら
別冊 P. 33 へ

10-7 アルミニウム

ココをおさえよう！

アルミニウムは3価の陽イオンになりやすく，不動態を作る。

さて，次は両性元素の性質について，1つ1つ見ていきましょう。
まずは**アルミニウムAl**について。

アルミニウムは13族の金属元素で，
価電子を3個持ち，3価の陽イオンになりやすい性質を持ちます。

$$Al \longrightarrow Al^{3+} + 3e^-$$

また，単体は酸化アルミニウムAl_2O_3を**溶融塩電解**（**融解塩電解**）して生成します。

アルミニウムの単体は，**空気中では表面に緻密（ちみつ）な酸化被膜を形成する**ため，
内部まで酸化されません。このような状態を**不動態**というのでしたね。
また，p.38に書いたように，濃硝酸や熱濃硫酸には不動態となって溶けません。

その他，硫酸アルミニウム$Al_2(SO_4)_3$と硫酸カリウムK_2SO_4の混合水溶液を濃縮・冷却すると，無色透明で正八面体の**ミョウバン**（硫酸カリウムアルミニウム十二水和物$AlK(SO_4)_2 \cdot 12H_2O$）の結晶が得られます。

ミョウバンは，$Al_2(SO_4)_3$とK_2SO_4という2種類の塩が一定の割合で結合した塩ですが，このように2種類以上の塩が一定の割合で結合した塩で，水に溶かしたときにもとの塩と同じイオンに電離する化合物を**複塩**といいます。

$$AlK(SO_4)_2 \cdot 12H_2O \longrightarrow Al^{3+} + K^+ + 2SO_4^{2-} + 12H_2O$$

Point ･･･アルミニウムAlの性質

◎ 3個の価電子を持ち，3価の陽イオンになりやすい。
◎ 単体は，溶融塩電解をして得る。
◎ 不動態を作る。
◎ 複塩の一種であるミョウバンの主成分である。

アルミニウムAl

性質

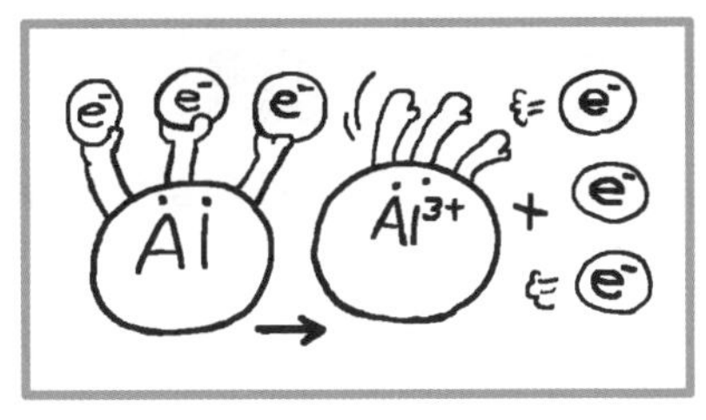

・価電子を 3 個持ち，
　3 価の陽イオンになりやすい。

$$Al \longrightarrow Al^{3+} + 3e^-$$

・単体は，溶融塩電解をして生成。
・単体は，空気中で酸化されたり，濃硝酸，熱濃硫酸と反応すると不動態となる。

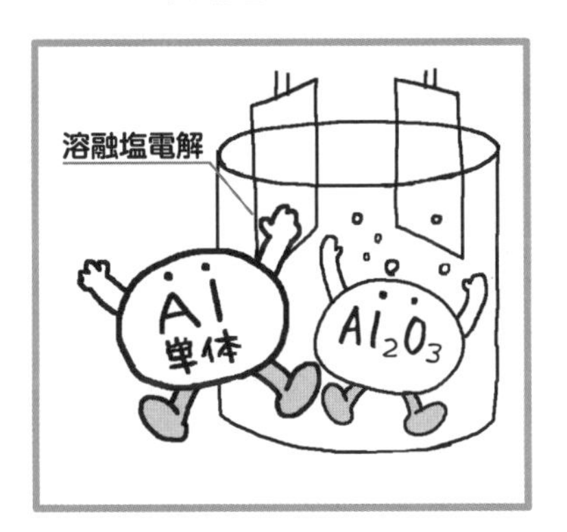

10

・ミョウバン（$AlK(SO_4)_2 \cdot 12H_2O$）の主成分。
　複塩

10-8 亜鉛

ココをおさえよう！

亜鉛イオンZn^{2+}は塩基性水溶液でH_2Sと反応し，白色固体ZnSになる。

亜鉛Znは12族の金属元素で，
2個の価電子を持ち，2価の陽イオンになりやすい性質をしています。

$$Zn \longrightarrow Zn^{2+} + 2e^-$$

亜鉛の特徴としては，Zn^{2+}を含む**塩基性水溶液に硫化水素H_2Sを通じると，硫化亜鉛ZnS（白色沈殿）が得られる**ことです。

重要なのは，**硫化物（S^{2-}との反応物）で白色なのはZnSしかない**ので，H_2Sと反応して白色の沈殿ができたら，それはZnSに決まる，ということです。

【その他，12族つながりで重要な元素について】
同じ12族に**水銀Hg**があります。水銀は**常温で唯一の液体の金属**です。
また，他の金属と合金を作りやすく，こうしてできたものを**アマルガム**といいます。

カドミウムCdも12族元素で，2価の陽イオンCd^{2+}になりやすい性質をしています。
カドミウムの特徴に，**硫化カドミウムCdSが黄色の固体**というのがあります。

Point・・・12族元素（Zn，Hg，Cd）の性質

◎ Znは2価の陽イオンになりやすい。
◎ ZnSは硫化物イオンS^{2-}との沈殿で，唯一の白色沈殿。
◎ Hgは常温で唯一の液体の金属。
◎ CdSは硫化物イオンS^{2-}との沈殿で，唯一の黄色沈殿。

亜鉛Zn

性質

・２個の価電子を持ち，２価の陽イオンになる。

$$Zn \longrightarrow Zn^{2+} + 2e^-$$

・H_2S を通じると ZnS（白色沈殿）が生じる。

（塩基性水溶液中の Zn^{2+}）

硫化物で白色は ZnS のみじゃぞ！

水銀Hg

性質

・常温で唯一の液体の金属。

・アマルガムを作る。

カドミウムCd

性質

・２価の陽イオン Cd^{2+} になる。

・CdS（黄色沈殿）を生成する。

10-9 スズ，鉛

ココをおさえよう！

鉛(Ⅱ)イオンPb^{2+}は，Cl^-，SO_4^{2-}，S^{2-}，CrO_4^{2-}など，多くのイオンと反応する。

残りの両性元素，**スズSn**と**鉛Pb**は14族の両性元素です。

スズの特徴は，**塩化スズ(Ⅱ)$SnCl_2$に還元性がある**ことです。

$$SnCl_2 + 2Cl^- \longrightarrow SnCl_4 + 2e^- \quad (\mathbf{Sn^{2+}} \longrightarrow \mathbf{Sn^{4+}} + 2e^-)$$

一方，鉛Pbについてですが，水溶液中の鉛(Ⅱ)イオンPb^{2+}は，次のように種々のイオンと反応して沈殿を生じます。
どれも重要なので，覚えておきましょう。中でも$PbCl_2$は重要です。

$Pb^{2+} + 2Cl^- \longrightarrow PbCl_2\downarrow$ (**白色**)
$Pb^{2+} + SO_4^{2-} \longrightarrow PbSO_4\downarrow$ (**白色**)
$Pb^{2+} + S^{2-} \longrightarrow PbS\downarrow$ (**黒色**)
$Pb^{2+} + CrO_4^{2-} \longrightarrow PbCrO_4\downarrow$ (**黄色**)

補足 $PbCl_2$は，熱湯を加えると再び溶けます。
このあとp.282で出てくるのですが，銀イオンAg^+もCl^-と反応して$AgCl$となり沈殿を生じます。$AgCl$は熱湯には溶けないという性質があるので，$PbCl_2$と$AgCl$を区別することができます。

Point …スズSnと鉛Pbの性質

◎ 塩化スズ(Ⅱ)には還元性がある。
$Sn^{2+} \longrightarrow Sn^{4+}$
◎ 鉛イオンPb^{2+}はさまざまなイオンと反応するが，特にCl^-との反応は重要。

スズSn

性質

- 塩化スズ(Ⅱ) $SnCl_2$ に還元性がある。

$SnCl_2 + 2Cl^- \longrightarrow SnCl_4 + 2e^-$

$(Sn^{2+} \longrightarrow Sn^{4+} + 2e^-)$

鉛Pb

性質 以下のようにさまざまなイオンと反応する。

- $Pb^{2+} + 2Cl^- \longrightarrow PbCl_2\downarrow$ (白色)
- $Pb^{2+} + SO_4^{2-} \longrightarrow PbSO_4\downarrow$ (白色)
- $Pb^{2+} + S^{2-} \longrightarrow PbS\downarrow$ (黒色)
- $Pb^{2+} + CrO_4^{2-} \longrightarrow PbCrO_4\downarrow$ (黄色)

ここまでやったら
別冊 P. 34 へ

理解できたものに，☑チェックをつけよう。

- [ ] 両性元素は，Al，Zn，Sn，Pbを指す。
- [ ] 両性元素の単体・酸化物・水酸化物は(基本的に)酸・塩基に溶ける。
- [ ] アルミニウムの単体は，濃硝酸や熱濃硫酸には不動態となって溶けない。
- [ ] 両性元素のイオンが含まれる水溶液に，少量の水酸化ナトリウム水溶液や少量のアンモニア水を加えると，沈殿が生じる。
- [ ] 両性元素のイオンが含まれる水溶液に，過剰量の水酸化ナトリウム水溶液を加えると，沈殿は溶ける。
- [ ] 亜鉛イオンが含まれる水溶液に，過剰量のアンモニア水を加えると，沈殿は溶ける。
- [ ] ZnSは白色，CdSは黄色である。
- [ ] 水銀は，金属元素で唯一，常温で液体である。
- [ ] $SnCl_2$には還元性がある。
- [ ] Pb^{2+}は数多くのイオンと反応し，沈殿を生成する。$PbCl_2$は白色，$PbSO_4$は白色，PbSは黒色，$PbCrO_4$は黄色である。

Chapter

11

遷移元素

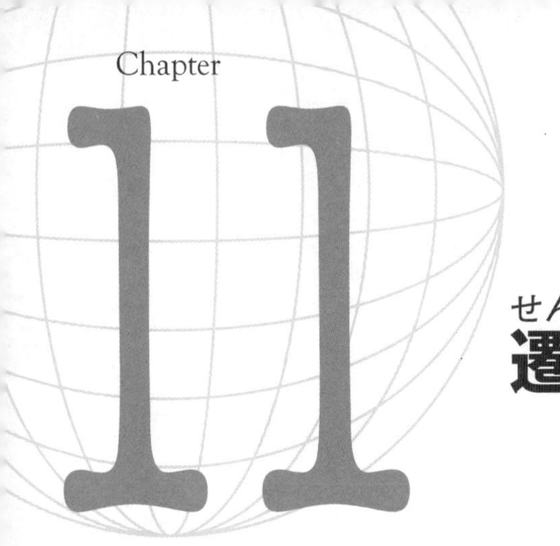

遷移元素

はじめに

個々の元素の性質について見ていくのは，このChapterで最後です。

このChapterでは，遷移元素の単体や化合物について整理していきます。
特に，鉄Fe，銅Cu，銀Ag，クロムCr，マンガンMnについて見ていきますよ。

中でも鉄，銅，銀は，塩基（アンモニア水，水酸化ナトリウム水溶液）との反応がまた出てきますので，しっかりと整理していきましょうね。

この章で勉強すること

遷移元素の単体や化合物が，どのような性質を持っているのかについて触れていきます。
鉄，銅，銀については，塩基との反応をしっかり頭に入れていきましょう。

遷移元素 …特に，鉄，銅，銀，クロム，マンガン

※鉄，銅，銀と塩基との反応に注意しましょう。

11-1 遷移元素

ココをおさえよう！

遷移元素は価電子が１～２個で，どれも性質が似ている。

遷移元素については，p.24で少しだけ登場しましたが，
ここではくわしく説明していきましょう。

遷移元素は**「色のついたピーナッツチョコレート」**というイメージです。

この「遷移元素チョコレート」には光沢があり，色がついています。
（**遷移元素はどれも金属元素**で，**有色**のものが多い）

中に入っているピーナッツは１～２個で（**価電子はどれも１～２個**），
１つのチョコでも，さまざまな味に変わります（**酸化数は多様**）。
また，他のチョコと比べて溶けにくく，ずっしりと中身がつまっています。
（**融点が高く，密度も高い**）

遷移元素の性質としては，他には以下のようなものがあります。

- 遷移元素はすべて**金属元素**。
  （なので，遷移元素のことを**遷移金属**と呼ぶこともあります）
- 価電子は１～２個なので，原子番号が増しても性質が変化せず，隣り合った元素どうしがよく似た性質を示す。
- **錯イオンを作りやすい。**

遷移元素

・色のついたピーナッツチョコレートのイメージ。

性質

・金属元素で（光沢あり），有色のものが多い。

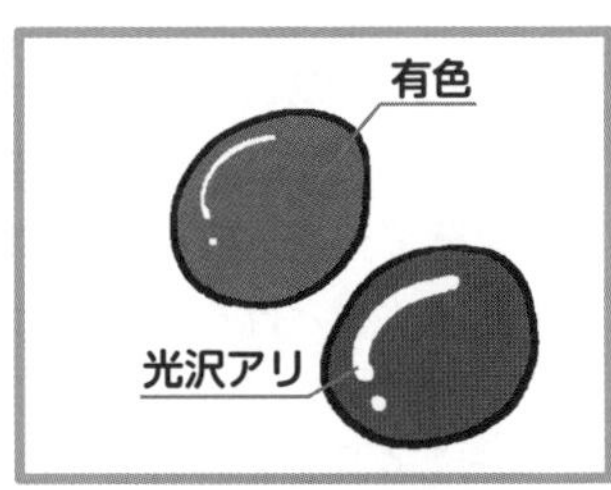

・価電子は 1 ～ 2 個。

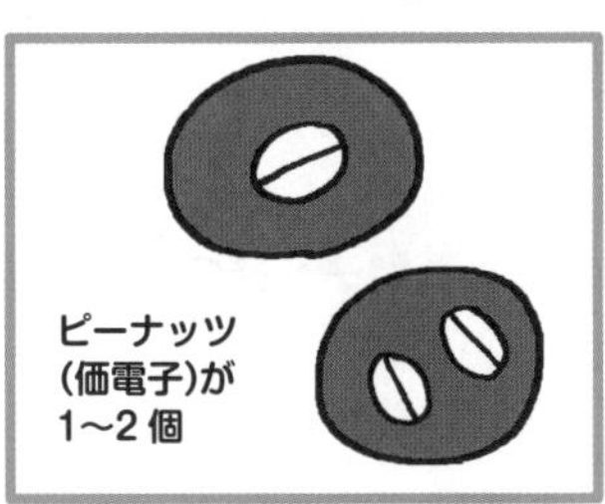

・同じ元素でも酸化数は多様。

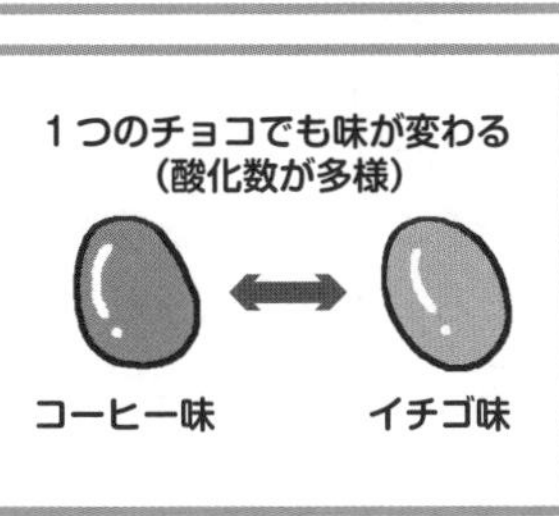

・融点が高く，密度も高い。

11-2 錯イオン

ココをおさえよう！

錯イオンは，非共有電子対を持った分子やイオンと配位結合によって形成される。

さて，遷移元素は**錯イオン**になりやすい，ということでしたが，
この錯イオンとはなんのことでしょうか？
『宇宙一わかりやすい高校化学　理論化学　改訂版』p.66にて説明しましたが，
もう一度復習してみましょう。

錯イオンというのは，**金属イオンに分子や陰イオンが結合してできたイオン**のことで，イメージとしては，**「もっとたくさん電子がほしい，ワガママなイオン」**が，**あまった電子を持つ分子やイオンと結合**してできた，多原子イオンです。

例えば，先ほど両性元素で出てきた亜鉛イオンZn^{2+}について見てみましょうか。

Zn^{2+}は，その周りに４カ所，電子を受け入れるスペースを持っています。
このZn^{2+}はワガママなので，そこに，あまった電子（非共有電子対）を持っているアンモニア分子を**正四面体状**に配位させます。
こうしてできる結合を，**配位結合**といいます。
また，このように配位するものを**配位子**といいます。

同様に，Ag^{+}，Cu^{2+}，Fe^{2+}も，配位結合を作って錯イオンとなります。

銀イオンAg^{+}は，２つの非共有電子対をほしがります（配位数：２）。
その結果，直線状に２つ配位子が配位します。

銅（II）イオンCu^{2+}は，Zn^{2+}と同じく４つの非共有電子対をほしがるのですが（配位数：４），
配位子は正方形状に配位します。

最後に，鉄（II）イオンFe^{2+}は６つの非共有電子対をほしがり（配位数：６），
配位子は正八面体状に配位します。

錯イオン

・金属イオンに分子や陰イオンが結合してできたイオン。

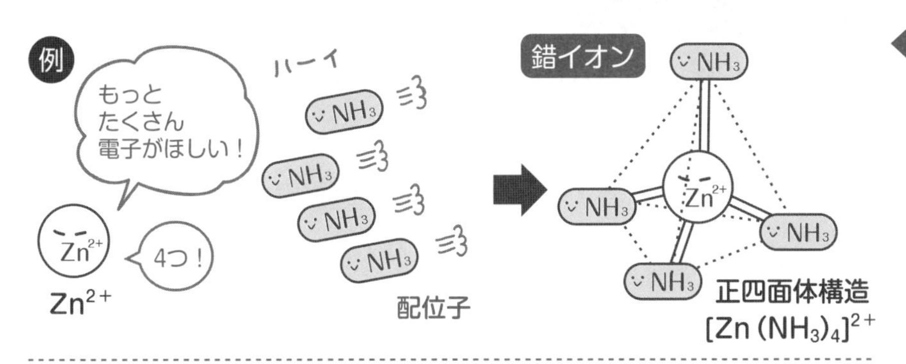

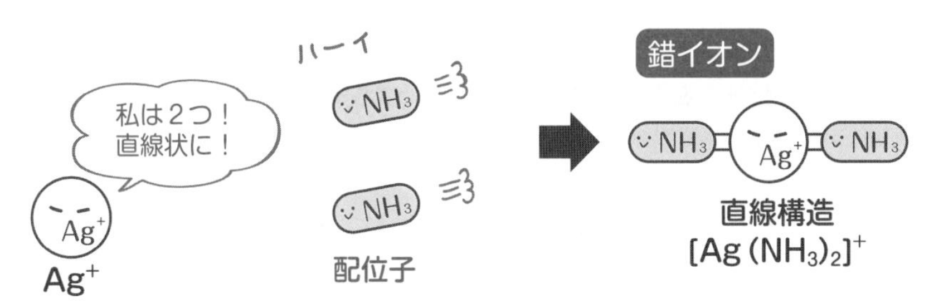

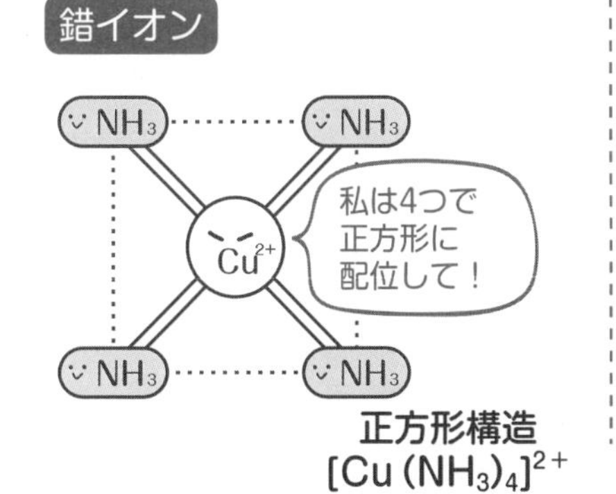

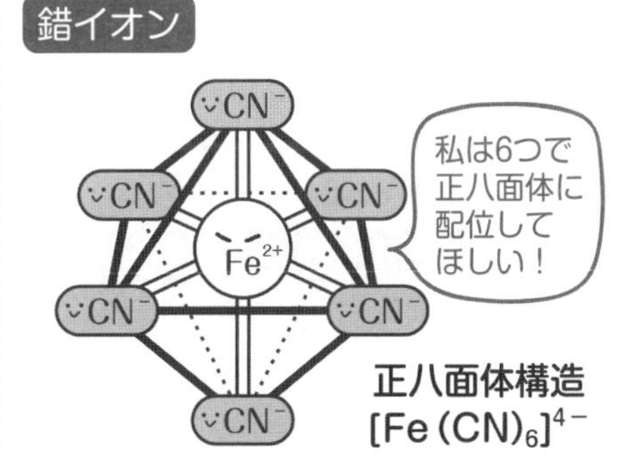

11-3 錯イオンのルール

ココをおさえよう！

錯イオンの呼びかたには決まりがあり，陰イオンの場合は最後に「酸」をつける。

錯イオンの電荷数は，金属イオンの電荷と配位子の電荷を足し合わせたもので表せます。
Fe^{2+}にCN^-が６つ配位している場合は

＋２＋（－１）×６＝－４

なので，右上に４－と書き加えます（$[Fe(CN)_6]^{4-}$）。

また，錯イオンの呼びかたにも決まりがあります。錯イオンの名称は，
「配位数」→「配位子の名称」→「金属イオンの元素名＋（酸化数）」
の順で呼ぶことになっています。

配位数と配位子の名称は以下の通りです。

◆配位数……１：モノ　２：ジ　３：トリ
　　　　　　４：テトラ　５：ペンタ　６：ヘキサ

◆配位子の名称……　NH_3：アンミン　CN^-：シアニド
　　　　　　　　　OH^-：ヒドロキシド　H_2O：アクア　Cl^-：クロリド

また，総電荷がマイナスになり，陰イオンとなるときは，末尾に「酸」がつきます。
主な錯イオンをまとめておくので，名称を書けるようにしましょう。

主な錯イオン（水溶液中）

配位数	錯イオン	名　称	立体構造
2	$[Ag(NH_3)_2]^+$	ジアンミン銀（Ⅰ）イオン	直線形
	$[Ag(CN)_2]^-$	ジシアニド銀（Ⅰ）酸イオン	直線形
4	$[Zn(NH_3)_4]^{2+}$	テトラアンミン亜鉛（Ⅱ）イオン	正四面体形
	$[Zn(OH)_4]^{2-}$	テトラヒドロキシド亜鉛（Ⅱ）酸イオン	正四面体形
	$[Cu(NH_3)_4]^{2+}$	テトラアンミン銅（Ⅱ）イオン	正方形
	$[Cu(H_2O)_4]^{2+}$	テトラアクア銅（Ⅱ）イオン	正方形
6	$[Fe(CN)_6]^{4-}$	ヘキサシアニド鉄（Ⅱ）酸イオン	正八面体形
	$[Fe(CN)_6]^{3-}$	ヘキサシアニド鉄（Ⅲ）酸イオン	正八面体形

錯イオンの電荷

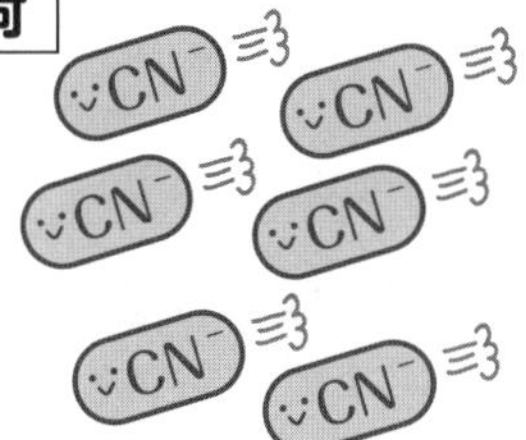

電荷を足し算するだけだね

電荷：＋2　　　$-1\times6=\ -6$

全電荷：＋2＋(－6)＝－4

⟹ $[Fe(CN)_6]^{4-}$

右肩に電荷を書くんじゃ

錯イオンの名称

「配位数」⟶「配位子の名称」
⟶「金属イオンの元素名＋(酸化数)」

例 $[Zn(NH_3)_4]^{2+}$ …テトラ　アンミン　亜鉛(Ⅱ)　イオン

- テトラ：配位数 4
- アンミン：配位子が NH_3
- 亜鉛(Ⅱ)：金属元素が Zn^{2+}

$[Fe(CN)_6]^{4-}$ …ヘキサ　シアニド　鉄(Ⅱ)　酸イオン

- ヘキサ：配位数 6
- シアニド：配位子が CN^-
- 鉄(Ⅱ)：金属元素が Fe^{2+}
- 酸イオン：陰イオンだから

「～酸イオン」の“酸”は忘れやすいから注意が必要じゃ

ここまでやったら 別冊 P. 35へ

11-4 鉄の単体

ココをおさえよう！

鉄は一酸化炭素によって還元して生成される。

それでは，**鉄Fe**についてお話ししましょう。

鉄は８族に属する金属です。
鉄は，自然界ではFe_2O_3やFe_3O_4の形で存在しているので，
単体を取り出すためには，溶鉱炉で一酸化炭素COを用いて還元します(p.140参照)。

$CO_2 + C \longrightarrow 2CO$ （コークスCからCOの生成）
$Fe_2O_3 + 3CO \longrightarrow 2Fe + 3CO_2$
$Fe_3O_4 + 4CO \longrightarrow 3Fe + 4CO_2$

こうして，溶鉱炉から得られた鉄を**銑鉄**といいます。

補足 鉱石に含まれる岩石の成分はスラグとして排出されます。

この銑鉄には約４％の炭素やその他不純物が含まれているため，
展性・延性に乏しく，不純物を減らす必要があります。
そこで，銑鉄を転炉に入れて酸素を吹き込み，炭素の含有量を減らした**鋼**(こう)にします。

続いて，鉄の化合物についてです。

鉄 Fe

性質

- 自然界には Fe_2O_3 や Fe_3O_4 の形で存在。
- 単体を取り出すために，一酸化炭素 CO で還元する。

$CO_2 + C \longrightarrow 2CO$（コークス C から CO を生成）

$Fe_2O_3 + 3CO \longrightarrow 2Fe + 3CO_2$

$Fe_3O_4 + 4CO \longrightarrow 3Fe + 4CO_2$

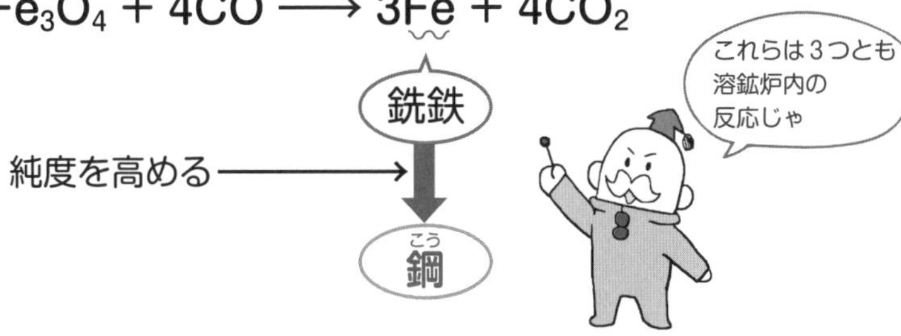

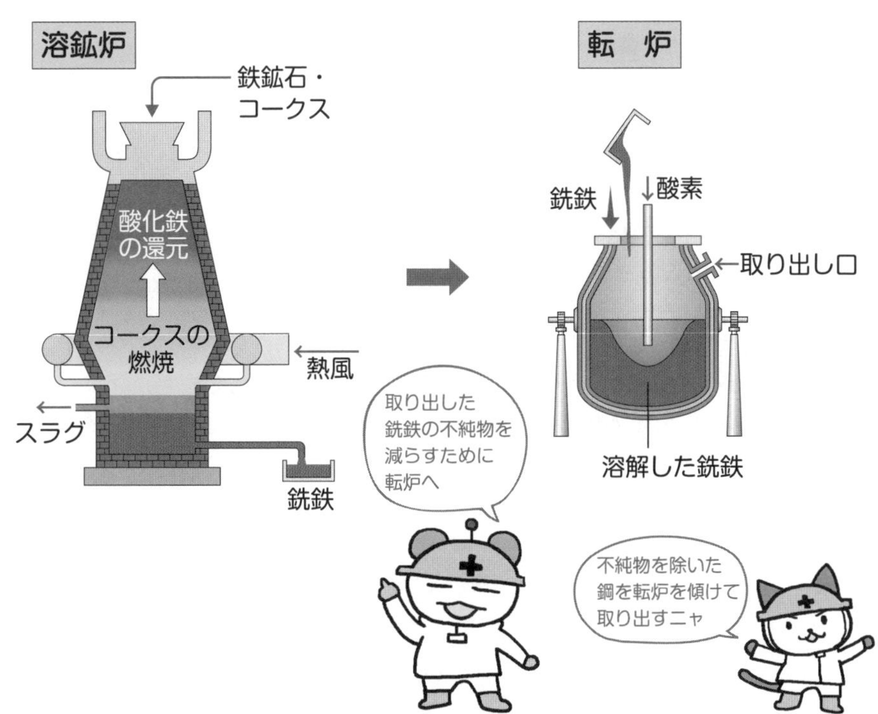

11-5 酸化鉄，硫酸鉄

ココをおさえよう！

鉄は FeO や Fe_2O_3，Fe_3O_4 などの酸化物となる。

鉄元素は，ドラキュラのような元素です。
ただし，ただのドラキュラではありません。
ニンニクにも変身してしまうという，ちょっと不幸な（？）ドラキュラです。

さて，鉄は酸化数が＋2（Fe^{2+}）または＋3（Fe^{3+}）の化合物を作るのですが，
Fe^{2+} はニンニク，Fe^{3+} はドラキュラとイメージしましょう。
（ニンニクはすりおろして放置すると緑色になります。試してみてください）
鉄は遷移元素なので，p.240で説明したように，多様な酸化数をとるのですね。

① まずは鉄の酸化物を見ていきましょう。
鉄は酸素と反応して，酸化鉄（Ⅱ）FeO（**黒色**），酸化鉄（Ⅲ）Fe_2O_3（**赤褐色**），四酸化三鉄 Fe_3O_4（**黒色**）などに変化します。
（酸化物は真っ黒なコウモリをイメージ！　Fe_2O_3 だけは赤褐色ですが……）

② 鉄は H_2 よりもイオン化傾向が大きいため，希硫酸と反応して H_2 を発生します。
（Feのほうがイオン化する性質が強い，ということですね）

$$Fe + H_2SO_4 + 7H_2O \longrightarrow FeSO_4 \cdot 7H_2O + H_2$$

反応した溶液を濃縮すると，
硫酸鉄（Ⅱ）七水和物 $FeSO_4 \cdot 7H_2O$ という**淡緑色の結晶**が得られます。
（$FeSO_4$ も Fe^{2+} の化合物なので淡緑色ですね）

鉄元素…ドラキュラをイメージ。

①　鉄の酸化物

FeO（黒色），Fe_2O_3（赤褐色），

Fe_3O_4（黒色）

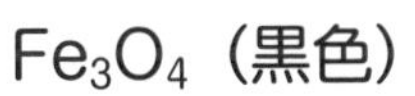

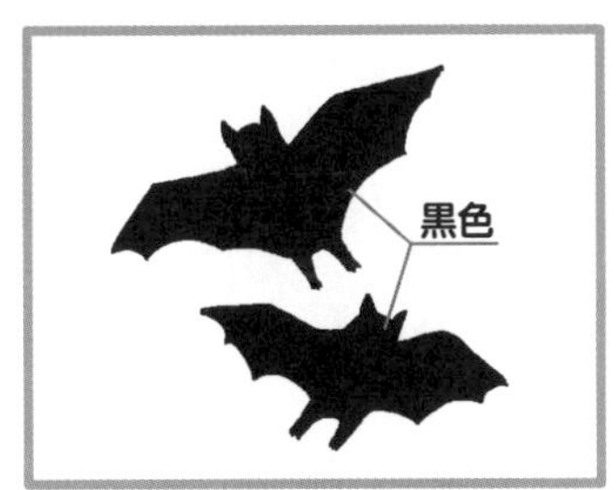

②　希硫酸と反応して H_2 を発生。

$$Fe + H_2SO_4 + 7H_2O \longrightarrow \underbrace{FeSO_4 \cdot 7H_2O}_{\text{淡緑色の結晶}} + H_2$$

11-6 塩化鉄，硫化鉄

ココをおさえよう！

鉄は濃硝酸には不動態となり，それ以上溶けなくなる。

③ 今度は，鉄を塩酸に溶かします。
すると，まずは塩化鉄（Ⅱ）$FeCl_2$の水溶液が得られます。
この水溶液に塩素ガスを通し濃縮すると，
塩化鉄（Ⅲ）六水和物$FeCl_3 \cdot 6H_2O$という黄褐色の結晶が生成されます。

$$2FeCl_2 + Cl_2 \longrightarrow 2FeCl_3$$

この結晶には，**潮解性**があります。
（塩化カルシウム$CaCl_2$や塩化マグネシウム$MgCl_2$と同じく，
塩化物である塩化鉄（Ⅲ）$FeCl_3$にも潮解性があり，
表面がぬれてくるようです）

④ 鉄は希硝酸には溶けますが，濃硝酸や熱濃硫酸には**不動態**となって溶けません。
（不動態について，おさらいしたい人はp.36～39へ）

⑤ 最後に，硫化物イオンS^{2-}との反応ですが，
Fe^{2+}, Fe^{3+}の塩基性または中性水溶液に，硫化水素H_2Sを加えると，硫化鉄（Ⅱ）FeSが生成されます。

$$Fe^{2+} + S^{2-} \longrightarrow FeS\ (黒色)$$

（硫化物イオンとの反応について，おさらいしたい人はp.94へ）

Point ・・・鉄Feの性質

◎ 希硫酸と反応して硫酸鉄（Ⅱ）（淡緑色）を生成する。
◎ 塩酸と反応して塩化鉄（Ⅱ）の水溶液となり，これに塩素を通じると，塩化鉄（Ⅲ）（潮解性あり）を生成する。
◎ 濃硝酸や熱濃硫酸には不動態となって溶けない。
◎ 硫化物イオンと反応して，硫化鉄（Ⅱ）FeS（黒色）を生成する。

③ $FeCl_3 \cdot 6H_2O$ には潮解性がある。

黄褐色

11

④ 濃硝酸や熱濃硫酸には不動態となって溶けない。（希硝酸には溶ける）

⑤ Fe^{2+}，Fe^{3+} に H_2S を加えると FeS（黒色）が生成。（ただし，塩基性または中性水溶液）

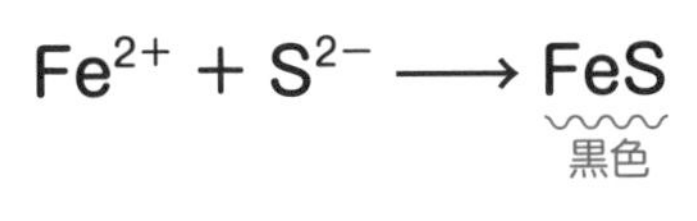

$$Fe^{2+} + S^{2-} \longrightarrow FeS$$

黒色

ここまでやったら
別冊 p. 36 へ

11-7 鉄イオン（その1）

ココをおさえよう！

鉄イオンは，少量のOH^-で沈殿し，過剰量のOH^-やNH_3を加えても溶けない。

それではここから，鉄のイオン（Fe^{2+}，Fe^{3+}）の反応について見てみましょう。

まずは，両性元素のときに行ったように，
鉄イオンと塩基（アンモニア水，水酸化ナトリウム水溶液）との反応について見ていきましょう。

Fe^{2+}を含む水溶液に，少量のOH^-（少量のアンモニア水や少量の水酸化ナトリウム水溶液）を加えると，**緑白色**の沈殿として水酸化鉄（Ⅱ）$Fe(OH)_2$が生じます。

$$Fe^{2+} + 2OH^- \longrightarrow Fe(OH)_2$$

（Fe^{2+}の化合物の多くは，ニンニクに似て淡緑色でしたもんね）
これ以上，アンモニア水や水酸化ナトリウム水溶液を加えたとしても，沈殿は溶けません。

また，Fe^{3+}を含む水溶液に，少量のOH^-（少量のアンモニア水や少量の水酸化ナトリウム水溶液）を加えると，**赤褐色**の沈殿として水酸化鉄（Ⅲ）$Fe(OH)_3$が生じます。

$$Fe^{3+} + 3OH^- \longrightarrow Fe(OH)_3$$

（Fe^{3+}の化合物の多くは，ドラキュラの好きな血の色に似た赤褐色です）
こちらも**これ以上，アンモニア水や水酸化ナトリウム水溶液を加えたとしても，沈殿は溶けません。**

補足 p.298～303に，イオンと塩基との反応をまとめましたが，
少量のOH^-を加えると沈殿し，過剰量のアンモニア水や水酸化ナトリウム水溶液を加えても沈殿が溶けない，といったら，鉄イオンです。

鉄イオン × **塩基**

• Fe^{2+} × 少量の OH^- ⟶ $Fe(OH)_2$（緑白色沈殿）生成。
少量のアンモニア水，
少量の水酸化ナトリウム水溶液

$$Fe^{2+} + 2OH^- \longrightarrow Fe(OH)_2 \downarrow$$

淡緑色

これ以上アンモニア水，水酸化ナトリウム水溶液を加えても溶けない。

• Fe^{3+} × 少量の OH^- ⟶ $Fe(OH)_3$（赤褐色沈殿）生成。
少量のアンモニア水，
少量の水酸化ナトリウム水溶液

$$Fe^{3+} + 3OH^- \longrightarrow Fe(OH)_3 \downarrow$$

赤褐色

これ以上アンモニア水，水酸化ナトリウム水溶液を加えても溶けない。

つまり，
「少量の OH^- を加えると沈殿し，過剰量の NH_3 水，
NaOH 水溶液を加えても沈殿はなくならない」
といったら鉄イオンじゃ！

11-8 鉄イオン（その2）

ココをおさえよう！

Fe^{2+}とFe^{3+}を見分ける方法は，3通りある。

さて，次はFe^{2+}とFe^{3+}を区別してみましょう。
Fe^{2+}とFe^{3+}に同じ試薬を加えたとき，違う反応をする場合があるので，
それについて見ていきましょう。

まず最初に，Fe^{3+}についてです。
（つまり，ドラキュラのほうですね）

Fe^{3+}に**チオシアン酸カリウムKSCN**水溶液を加えます。
すると，**血赤色**の溶液ができます。
（ドラキュラが噛みついて血が出たようです……恐ろしい！）

一方，このFe^{3+}を逆に**濃青色**にすることもできます。
それには，Fe^{2+}を含む**$K_4[Fe(CN)_6]$**水溶液を加えるのです。
すると，**濃青色沈殿**ができます。
（ニンニクを見て顔が真っ青になったようです！）

また，Fe^{3+}を含む水溶液にFe^{3+}を含む**$K_3[Fe(CN)_6]$**水溶液を加えると，
褐色の溶液になります。
（ドラキュラどうしが噛みついて，またまた褐色に……）

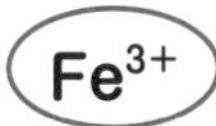  

Fe^{3+} × KSCN ⟶ 血赤色の溶液

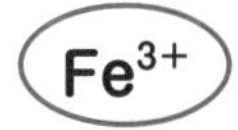 

Fe^{3+} × $K_4[Fe(CN)_6]$ ⟶ 濃青色沈殿↓

Fe^{3+} × $K_3[Fe(CN)_6]$ ⟶ 褐色の溶液

次に，Fe^{2+}について見てみましょう。

ニンニクに例えた**Fe^{2+}にチオシアン酸カリウムKSCN水溶液を加えても，特に反応は起こりません。**
（ニンニクはドラキュラと違って，襲ったりしないですものね）

Fe^{2+}を含む水溶液にFe^{2+}を含む**$K_4[Fe(CN)_6]$**水溶液を加えると，
白～青白色の沈殿になります。
（ニンニクどうしですり合って，白いすりニンニクになったようです）

Fe^{2+}を含む水溶液にFe^{3+}を含む**$K_3[Fe(CN)_6]$**水溶液を加えると，
濃青色沈殿になります。
（これも，ドラキュラがニンニクと出会ったので，顔が真っ青になっています）

補足　Fe^{2+}を含む水溶液にFe^{3+}を含む$K_3[Fe(CN)_6]$を加えてできた濃青色の沈殿（ターンブル青）と，Fe^{3+}を含む水溶液にFe^{2+}を含む$K_4[Fe(CN)_6]$を加えてできた濃青色の沈殿（紺青）は，現在は化学式は同じ$KFe[Fe(CN)_6]\cdot H_2O$であるとされています。かつては違う物質と思われていたため，違う名がつけられていました。

水溶液中の鉄イオンの反応

試薬＼鉄イオン	Fe^{2+}	Fe^{3+}
アンモニア水 または 水酸化ナトリウム水溶液	水酸化鉄（Ⅱ）$Fe(OH)_2$ 緑白色の沈殿	水酸化鉄（Ⅲ）$Fe(OH)_3$ 赤褐色の沈殿
チオシアン酸カリウム水溶液 KSCN（無色）	反応なし	チオシアン酸鉄 $Fe(SCN)_3$ 血赤色の溶液
ヘキサシアノ鉄（Ⅱ）酸カリウム水溶液 $K_4[Fe(CN)_6]$	青白色の沈殿	濃青色の沈殿（紺青）
ヘキサシアノ鉄（Ⅲ）酸カリウム水溶液 $K_3[Fe(CN)_6]$	濃青色の沈殿（ターンブル青）	褐色の溶液

ここまでやったら
別冊 P. 37へ

11-9 銅

ココをおさえよう！

銅はさまざまな物質と反応し，さまざまな色の化合物になる。

銅は**カメレオン**のような元素。
さまざまな物質と反応をして，さまざまな色の化合物になります。

化学反応式も大切ですし，できる化合物の色も大切ですので，
右ページの絵と一緒に覚えていきましょう。

それでは，まずは単体から。
（それほど大事ではないのですが）銅は，天然では黄銅鉱に含まれた形で存在し，
ここからまずは粗銅にし，次に**電解精錬**をして純粋な銅にします。

粗銅を陽極，純銅を陰極とし硫酸銅（Ⅱ）の硫酸酸性水溶液を用いて電気分解することを**電解精錬**といい，粗銅からCu^{2+}が発生し，陰極の純銅に純度99.99％以上の銅が析出します。このとき陽極の粗銅の下には，**陽極泥**といわれる不純物の金や銀などが沈殿します。

こうしてできた銅は，赤銅色の金属光沢があります。10円硬貨の色ですね。
銅は熱伝導性，電気伝導性が銀についで大きく，
銀は高価なので銅が電線に使われたりしています。

【変身１】
銅の単体はよく銅像に使われていますが，湿った空気によって表面に青緑色のさび（**緑青**（ろくしょう））を生じます。
上野公園にある西郷隆盛像などがそうですね。

銅 Cu の単体

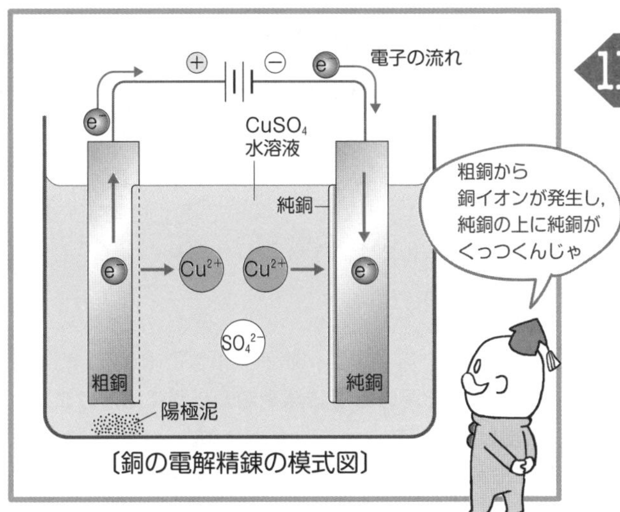

〔銅の電解精錬の模式図〕

製法

- 黄銅鉱→粗銅→銅
（天然）

性質

- 赤銅色 

- 熱伝導性，電気伝導性が銀について大きい。

【変身1】 湿った空気によって青緑色のさび（緑青（ろくしょう））を生じる。

11-10 銅の化合物

ココをおさえよう！

銅は硝酸や熱濃硫酸のような酸化作用のある酸には溶ける。

続いて，銅の化合物について見ていきましょう。
銅は酸化数＋1，＋2（Cu^+，Cu^{2+}）の化合物を生成しますが，
基本的には酸化数＋2（Cu^{2+}）の化合物として存在しています。

【変身2】
銅は，H_2よりもイオン化傾向が小さい（ので，酸と反応しないように思いがち）ですが，**酸化作用のある硝酸や熱濃硫酸には溶けます。**
（ただし，一般的な反応「金属＋酸 ⟶ 水素発生」とはならず，水素以外の気体が発生するのでした。復習したい人はp.40へ！）

希硝酸：$3Cu + 8HNO_3 \longrightarrow 3Cu(NO_3)_2 + 4H_2O + 2NO\uparrow$
（一酸化窒素の生成法でも出てきましたね！ p.116へ）

濃硝酸：$Cu + 4HNO_3 \longrightarrow Cu(NO_3)_2 + 2H_2O + 2NO_2\uparrow$
（二酸化窒素の生成法でも出てきましたね！ p.118へ）

熱濃硫酸：$Cu + 2H_2SO_4 \longrightarrow CuSO_4 + 2H_2O + SO_2\uparrow$
（二酸化硫黄の生成法でも出てきましたね！ p.96へ）

【変身3】
硫酸銅（Ⅱ）$CuSO_4$は無水物で**白色**ですが，
水を得て水和物になると**青色**に変わります。

$$\underset{\text{白色粉末}}{CuSO_4} + 5H_2O \longrightarrow \underset{\text{青色結晶}}{CuSO_4\cdot 5H_2O}$$

銅の化合物

- Cu^{2+}，Cu^{+}の化合物として存在。

【変身 2】 Cu は（基本的に酸とは反応しないが）硝酸や熱濃硫酸のような酸化作用のある酸には溶ける。

銅 ＋ 希硝酸：

$$3Cu + 8HNO_3 \longrightarrow 3Cu(NO_3)_2 + 4H_2O + 2NO\uparrow$$

銅 ＋ 濃硝酸：

$$Cu + 4HNO_3 \longrightarrow Cu(NO_3)_2 + 2H_2O + 2NO_2\uparrow$$

銅 ＋ 熱濃硫酸：

$$Cu + 2H_2SO_4 \longrightarrow CuSO_4 + 2H_2O + SO_2\uparrow$$

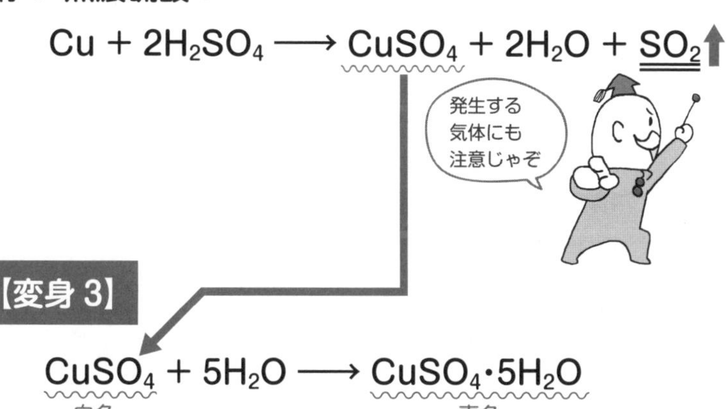

【変身 3】

$$CuSO_4 + 5H_2O \longrightarrow CuSO_4 \cdot 5H_2O$$

白色　　　　青色

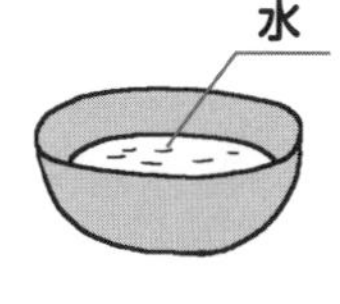

【変身４】
銅の酸化物には，**酸化銅（Ⅱ）CuO**（**黒色**）と**酸化銅（Ⅰ）Cu_2O**（**赤色**）があります。

$2Cu + O_2 \longrightarrow 2CuO$（黒色）

$4Cu + O_2 \longrightarrow 2Cu_2O$（赤色）

補足 有機化学で出てくる「フェーリング液の還元」で，酸化銅（Ⅰ）の赤色沈殿がよく問われます。酸化銅（Ⅰ）Cu_2Oは赤色，というのは必ず覚えましょう。

【変身５】
Cu^{2+}を含む水溶液は，**青色**を呈します。
そこに，次の①～④の操作をすると，次のような反応を示します。

① 硫化水素を通じると，**硫化銅（Ⅱ）CuS**の**黒色沈殿**を生じます。

$Cu^{2+} + S^{2-} \longrightarrow CuS$

② OH^-を少量（つまり，アンモニア水または水酸化ナトリウム水溶液を少量）加えると，**水酸化銅（Ⅱ）$Cu(OH)_2$**の**青白色沈殿**を生じます。

$Cu^{2+} + 2OH^- \longrightarrow Cu(OH)_2$

③ ②の$Cu(OH)_2$に**過剰量のアンモニア水を加えると，沈殿は溶けて深青色の溶液**（**$[Cu(NH_3)_4]^{2+}$**）となります。

$Cu(OH)_2 + 4NH_3 \longrightarrow [Cu(NH_3)_4]^{2+} + 2OH^-$

④ ②の$Cu(OH)_2$を加熱すると，**黒色**の**酸化銅（Ⅱ）CuO**となります。

$Cu(OH)_2 \longrightarrow H_2O + CuO$

【変身 4】 酸化銅(Ⅱ)CuO（黒色），酸化銅(Ⅰ)Cu_2O（赤色）

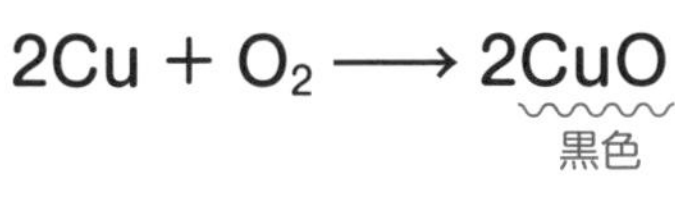

$$2Cu + O_2 \longrightarrow 2CuO$$

黒色

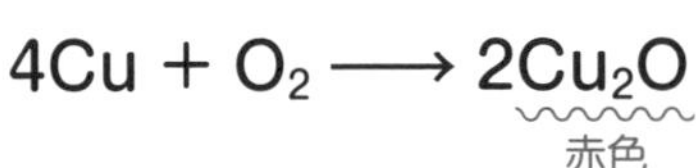

$$4Cu + O_2 \longrightarrow 2Cu_2O$$

赤色

【変身 5】 Cu^{2+}を含む水溶液(青色)に次の操作をする。

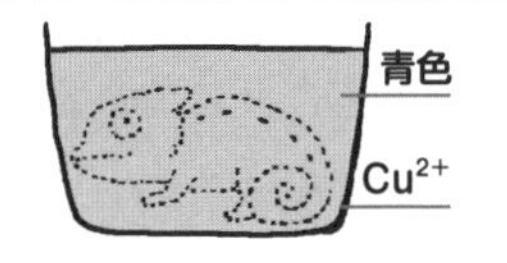

① 硫化水素($H_2S \rightleftarrows 2H^+ + S^{2-}$)を通じる。

$$Cu^{2+} + S^{2-} \longrightarrow CuS$$

黒色沈殿

② OH^-を少量加える。

$$Cu^{2+} + 2OH^- \longrightarrow Cu(OH)_2$$

青白色沈殿

③ ②の $Cu(OH)_2$ に過剰量のアンモニア水を加える。

$$Cu(OH)_2 + 4NH_3 \longrightarrow [Cu(NH_3)_4]^{2+} + 2OH^-$$

深青色の溶液

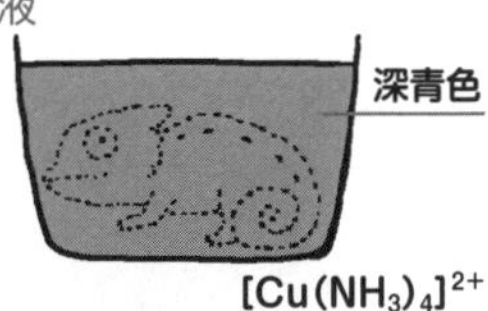

④ ②の $Cu(OH)_2$ を加熱。

$$Cu(OH)_2 \longrightarrow H_2O + CuO$$

黒色固体

ここまでやったら
別冊 P. 38 へ

11-11 銀

ココをおさえよう！

銀の単体は，硝酸や熱濃硫酸のような酸化作用のある酸には溶ける。

銀Agは，魔女の大好きな元素です。
どういうことでしょうか？　見ていきましょう。

まずは銀の単体です。銀は天然では主に**酸化銀Ag_2O**などで存在しており，加熱することで銀の単体になります。

$$2Ag_2O \longrightarrow 4Ag + O_2$$

銀の単体は**銀白色の光沢**を持ち，**熱伝導性，電気伝導性が最大**です。
（銅は銀の次にこれらの特徴が強かったのですね）
また，銀は光の反射率が高いので，鏡や魔法瓶などに使われます。

銀は銅と同様に，水素H_2よりもイオン化傾向が小さいのですが，
硝酸や熱濃硫酸のような酸化作用のある酸には溶けます。

希硝酸：$3Ag + 4HNO_3 \longrightarrow 3AgNO_3 + 2H_2O + NO$
濃硝酸：$Ag + 2HNO_3 \longrightarrow AgNO_3 + H_2O + NO_2$
熱濃硫酸：$2Ag + 2H_2SO_4 \longrightarrow Ag_2SO_4 + 2H_2O + SO_2$

銀 Ag の単体

製法

- 酸化銀 Ag_2O を加熱。

$$2Ag_2O \longrightarrow 4Ag + O_2$$

性質

- 銀白色の光沢を持ち，熱伝導性，電気伝導性が最大。
- 光の反射率が高く，鏡や魔法瓶に使われる。
- Ag は（基本的に酸とは反応しないが）硝酸や熱濃硫酸のような酸化作用のある酸には溶ける。

銀 + 希硝酸：

$$3Ag + 4HNO_3 \longrightarrow \underline{3AgNO_3} + 2H_2O + \underline{\underline{NO}}\uparrow$$

銀 + 濃硝酸：

$$Ag + 2HNO_3 \longrightarrow \underline{AgNO_3} + H_2O + \underline{\underline{NO_2}}\uparrow$$

銀 + 熱濃硫酸：

$$2Ag + 2H_2SO_4 \longrightarrow \underline{Ag_2SO_4} + 2H_2O + \underline{\underline{SO_2}}\uparrow$$

11-12 銀の化合物

ココをおさえよう！

銀イオンは，ハロゲン化物イオンと反応する。

今まで見てきたように，銀は酸化数＋1の化合物を作るのですが，
銀イオンAg^+はハロゲン化物イオンと反応させることによって，
ハロゲン化銀の沈殿を生じます。
これらはどれも感光性があるので，褐色瓶に入れて保存する必要があります。

$Ag^+ + Cl^- \longrightarrow AgCl\downarrow$ （**白色**）

$Ag^+ + Br^- \longrightarrow AgBr\downarrow$ （**淡黄色**）

（臭化銀AgBrは，写真の感光剤として使われます）

$Ag^+ + I^- \longrightarrow AgI\downarrow$ （**黄色**）

$Cl^- \rightarrow Br^- \rightarrow I^-$ となるにしたがって，ハロゲン化銀は黄ばんでいくイメージですね。

フッ化銀AgFという化合物もありますが，沈殿しません。

その他，銀イオンAg^+は硫化水素と反応して，**硫化銀Ag_2S**（**黒色**）も生じます。

$2Ag^+ + S^{2-} \longrightarrow Ag_2S$

銀のアクセサリーをつけたまま温泉に入ると，この反応が起こるため黒色に変色してしまいます。

性質（つづき）

- Ag^+になりやすく，ハロゲン化銀を作る。

$Ag^+ + Cl^- \longrightarrow AgCl$（白色）

$Ag^+ + Br^- \longrightarrow AgBr$（淡黄色）

$Ag^+ + I^- \longrightarrow AgI$（黄色）

順に黄ばんでいくイメージ

- H_2S と反応して Ag_2S（黒色）を生じる。

$2Ag^+ + S^{2-} \longrightarrow Ag_2S$

11-13 銀イオンと塩基との反応

ココをおさえよう！

銀イオンは少量のOH^-を加えると沈殿を生じ，過剰量のNH_3で溶ける。

さて，次に銀イオンと塩基との反応です。

銀イオンAg^+を含む水溶液に，少量のOH^-（少量のアンモニア水，または少量の水酸化ナトリウム水溶液）を加えると，褐色の沈殿である**酸化銀Ag_2O**を生じます。

$$2Ag^+ + 2OH^- \longrightarrow Ag_2O\downarrow + H_2O$$

補足　$2Ag^+ + 2OH^- \longrightarrow 2AgOH$　となりますが，
AgOHは不安定なため，すぐに　$2AgOH \longrightarrow Ag_2O + H_2O$
という反応が起こります。

さて，ここに，過剰量の水酸化ナトリウム水溶液を加えてみましょう。
すると，沈殿はそのままでした。

一方，**過剰量のアンモニア水を加えると，沈殿は溶けて無色の溶液になります**。

$$Ag_2O + 4NH_3 + H_2O \longrightarrow 2\underbrace{[Ag(NH_3)_2]^+}_{\text{ジアンミン銀(I)イオン}} + 2OH^-$$

これは，**Zn^{2+}やCu^{2+}と同じく，Ag^+はアンモニア水を過剰量加えると，錯イオンとなって溶ける**ということですね。

（金属イオンと塩基との反応はp.298〜303にまとめてあります）

11

銀イオン Ag^+ × 塩基

• Ag^+ × 少量の OH^- ⟶ Ag_2O（褐色沈殿）

少量のアンモニア水または
少量の水酸化ナトリウム水溶液

反応式

$$2Ag^+ + 2OH^- \longrightarrow Ag_2O\downarrow + H_2O$$

• Ag^+ × 過剰量のアンモニア水 ⟶ $[Ag(NH_3)_2]^+$
（水に溶ける，無色）

反応式

$$Ag_2O + 4NH_3 + H_2O \longrightarrow 2[Ag(NH_3)_2]^+ + 2OH^-$$

ジアンミン銀（Ⅰ）イオン

ここまでやったら
別冊 P. 39へ

11-14 クロム

ココをおさえよう！

K_2CrO_4は黄色，$K_2Cr_2O_7$は赤橙色，Cr^{3+}は緑色。

クロムCrはヘンテコな信号機で覚えましょう。

クロムで大事なのは，
クロム酸カリウムK_2CrO_4と**二クロム酸カリウム$K_2Cr_2O_7$**です。

クロム酸カリウムK_2CrO_4は**黄色の結晶**で，
この水溶液を酸性にすると，二クロム酸カリウム$K_2Cr_2O_7$の**赤橙色**になります。

$$2CrO_4^{2-} + 2H^+ \longrightarrow Cr_2O_7^{2-} + H_2O$$

これが，黄色信号から赤信号への変化です。
酸によって，信号は黄色から赤色に変わります。

一方，二クロム酸カリウム$K_2Cr_2O_7$は，**赤橙色の結晶**で，
この水溶液を塩基性にすると，再びクロム酸カリウムに戻ります。

$$Cr_2O_7^{2-} + 2OH^- \longrightarrow 2CrO_4^{2-} + H_2O$$

（普通の信号は，赤色から黄色へは変化はしませんが）

また，二クロム酸カリウム$K_2Cr_2O_7$を硫酸で酸性にすると，水溶液は強い酸化作用を示すようになります。こうしてできる**Cr^{3+}**は**緑色**をしています。

$$Cr_2O_7^{2-} + 14H^+ + 6e^- \longrightarrow 2Cr^{3+} + 7H_2O$$

クロムCrの化合物やイオンはそれぞれの信号の色に色を変えるのです。

クロム Cr

イメージは…

どーも

信号機

クロム酸カリウム　K_2CrO_4

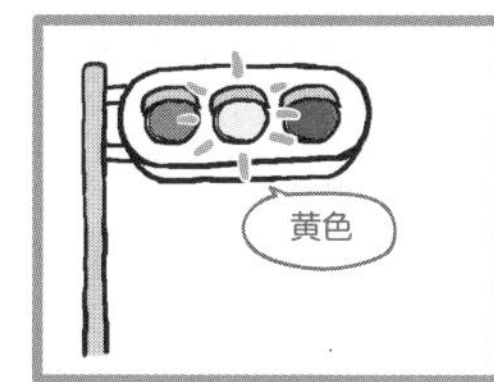

- 黄色の結晶。
- 酸性にすると，ニクロム酸カリウム $K_2Cr_2O_7$ の赤橙色になる。

$$2CrO_4^{2-} + 2H^+ \longrightarrow Cr_2O_7^{2-} + H_2O$$

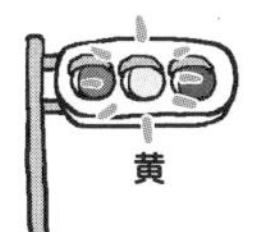

ニクロム酸カリウム　$K_2Cr_2O_7$

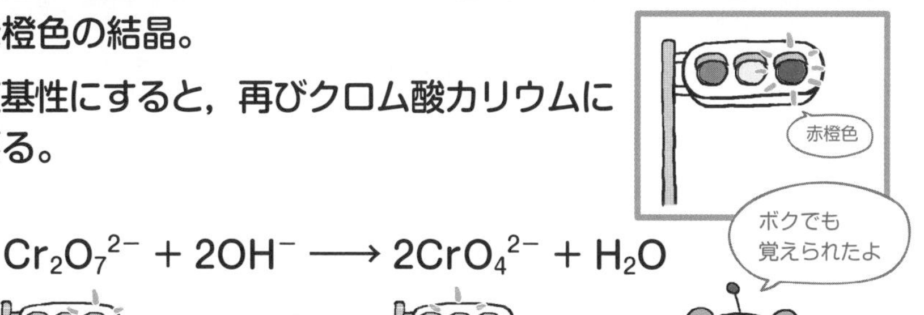

- 赤橙色の結晶。
- 塩基性にすると，再びクロム酸カリウムに戻る。

$$Cr_2O_7^{2-} + 2OH^- \longrightarrow 2CrO_4^{2-} + H_2O$$

- 強い酸化作用を示し，Cr^{3+}（緑色）になる。

$$Cr_2O_7^{2-} + 14H^+ + 6e^- \longrightarrow 2Cr^{3+} + 7H_2O$$

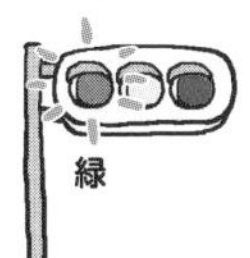

11-15 マンガン（過マンガン酸イオン）

ココをおさえよう！

過マンガン酸イオンは，酸性下ではMn^{2+}に，中性・塩基性下ではMnO_2になる。

さて，個別に元素を見ていくのはこれが最後となります。
最後は元素界のカメ，**マンガンMn**です。

おっと，“カメ”とは，どういうことでしょうか？
実は“カメ”は，その卵が孵化するときの温度で，オスになるかメスになるかが決定するのです。

同様に，マンガンの化合物である**過マンガン酸イオンMnO_4^-**（**赤紫色**）は，
酸性下ではMn^{2+}（**淡赤色**）に，**中性や塩基性下ではMnO_2**（**黒色**）に変化します。
ともに，マンガンの酸化数が減っているので（自身が還元されているので），
過マンガン酸カリウムは相手を酸化させる**酸化剤**ですね。

酸性下での変化：

$$\underline{\underline{Mn}}O_4^- + 8H^+ + 5e^- \longrightarrow \underline{\underline{Mn}}^{2+} + 4H_2O$$

（酸化数：＋7）　（酸化数：＋2）

補足　生成するMn^{2+}の淡赤色はほぼ透明なので，**この反応が終了したことは，過マンガン酸イオンの赤紫色が消えることでわかります。**

中性・塩基性下での変化：

$$\underline{\underline{Mn}}O_4^- + 2H_2O + 3e^- \longrightarrow \underline{\underline{Mn}}O_2 + 4OH^-$$

（酸化数：＋7）　（酸化数：＋4）

マンガン Mn

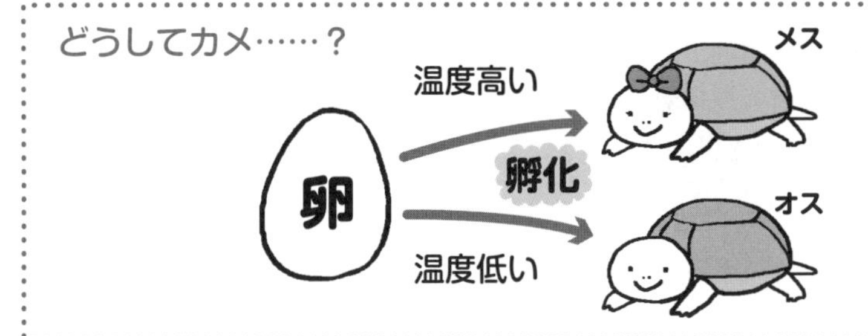

・過マンガン酸カリウムは酸化剤。

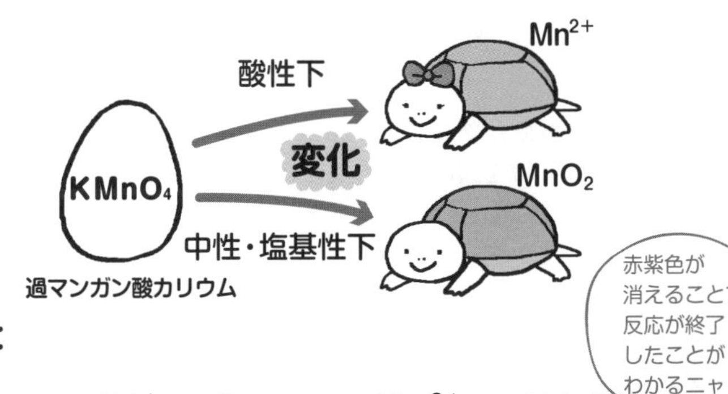

酸性下：

$$\underline{\underline{Mn}}O_4^- + 8H^+ + 5e^- \longrightarrow \underline{\underline{Mn}}^{2+} + 4H_2O$$

酸化数：+7　　酸化数：+2

中性・塩基性下：

$$\underline{\underline{Mn}}O_4^- + 2H_2O + 3e^- \longrightarrow \underline{\underline{Mn}}O_2 + 4OH^-$$

酸化数：+7　　酸化数：+4

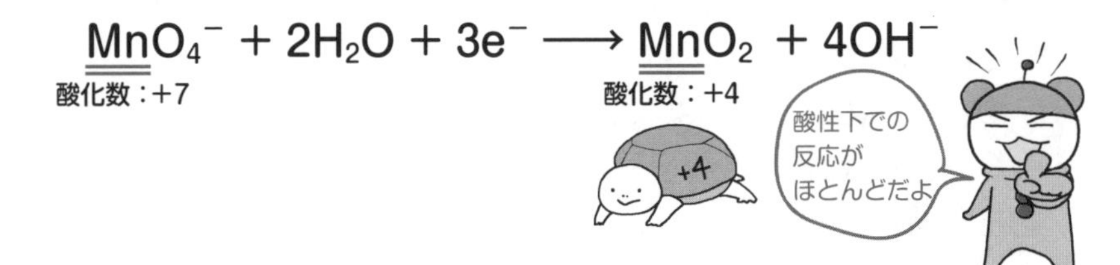

11-16 マンガン（酸化マンガン（Ⅳ））

ココをおさえよう！

酸化マンガン（Ⅳ）は，塩素を発生させる際の酸化剤や，酸素を発生させる際の触媒として使用される。

さて，先ほど中性・塩基性下で生成された**酸化マンガン（Ⅳ）MnO_2**は，**塩素を発生させるときの酸化剤**として使われていましたね（p.68参照）。

$$\underline{\underline{Mn}}O_2 + 4HCl \longrightarrow \underline{\underline{Mn}}Cl_2 + 2H_2O + Cl_2$$

（酸化数：＋4）　　（酸化数：＋2）

また，過酸化水素水から酸素を発生させる反応の触媒としても使われていました（p.84参照）。

$$2H_2O_2 \xrightarrow[\text{触媒}]{MnO_2} 2H_2O + O_2$$

酸化マンガン（Ⅳ）の用途は上記以外にも，マンガン乾電池の正極に使われたりします。

以上で，遷移元素の解説が終わりました。
しっかりと各元素の特徴を頭に入れることができましたか？

Point ･･･マンガンMnの性質

- ◎ 過マンガン酸イオンは，酸性下ではMn^{2+}（淡赤色）に，中性や塩基性下ではMnO_2（黒色）に変化する。
- ◎ 過マンガン酸イオンの反応の終点は，溶液の赤紫色が消えたときである。
- ◎ 過マンガン酸イオンは，自身が還元されて相手を酸化するので酸化剤である。
- ◎ 酸化マンガン（Ⅳ）は，塩素を発生させる際の酸化剤になったり，過酸化水素水から酸素を発生させる際の触媒として使用される。

酸化マンガン(Ⅳ)MnO_2

用途

- **塩素を発生させる際の酸化剤。**

$$\underline{\underline{Mn}}O_2 + 4HCl \longrightarrow \underline{\underline{Mn}}Cl_2 + 2H_2O + Cl_2$$

酸化数：+4　　　酸化数：+2

- **過酸化水素水から酸素を発生させる触媒。**

こっちは
p.84

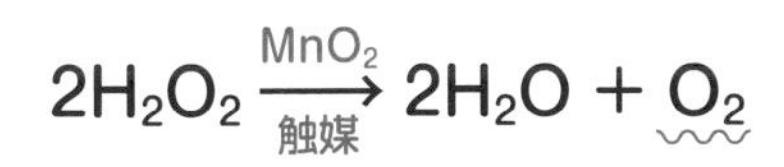

$$2H_2O_2 \xrightarrow[\text{触媒}]{MnO_2} 2H_2O + O_2$$

ここまでやったら
別冊 P. 40 へ

ハカセの宇宙一キビしいチェック!!

理解できたものに，☑チェックをつけよう。

- ☐ 錯イオンは，金属イオンに配位子が配位結合してできたものである。
- ☐ Feは濃硝酸には不動態となり，反応しない。
- ☐ Fe^{2+}，Fe^{3+} はそれぞれ少量のOH^- によって沈殿し，$Fe(OH)_2$，$Fe(OH)_3$となる。アンモニア水や水酸化ナトリウム水溶液を過剰量加えても，沈殿は溶けない。
- ☐ Cu，Agは希硝酸や濃硝酸，熱濃硫酸に溶ける。
- ☐ CuOは黒色，Cu_2Oは赤色である。
- ☐ Cu^{2+} を含む水溶液に過剰量のアンモニア水を加えると，沈殿は溶けて深青色の溶液（$[Cu(NH_3)_4]^{2+}$）となる。
- ☐ Cu^{2+} を含む水溶液に，H_2Sを加えるとCuS（黒色）になる。
- ☐ ハロゲン化銀は，AgClが白色，AgBrが淡黄色，AgIが黄色である。
- ☐ Ag^+ を含む水溶液に，過剰量のアンモニア水を加えると，沈殿は溶けて無色の溶液（$[Ag(NH_3)_2]^+$）となる。
- ☐ K_2CrO_4は黄色の結晶で，水溶液を酸性にすると赤橙色の$K_2Cr_2O_7$になる。

Chapter

12

金属イオンの分離

Chapter 12 金属イオンの分離

はじめに

とうとう最後のChapterになりました。
ここでは，今まで勉強してきた知識を総動員して，
金属イオンの分離を行います。

具体的にどういうことを行うのか，というと
「いろんな金属イオンが含まれている水溶液に，試薬を加えて反応させ，
金属イオンを分離していく」
ということです。

まるで「嫌いな野菜が入ったカレーから，具を分けて取り出していく」
のに似ていますね（好き嫌いはいけませんよ）。

しかし，金属イオンをスプーンで取り出すことはできません。
なので，試薬を加えて反応させ，分離していくのです。

不思議な色をした水溶液を手渡されたあなた。
このChapterを最後まで読み終わったとき，
その水溶液に含まれる金属イオンを分けて取り出すことができるはずです。

この章で勉強すること

金属イオンの分離を，分離の順に整理していきます。
どの試薬を加えると，どの金属イオンが反応するのか，
１つ１つ頭に入れていきましょう。

宇宙一
わかりやすい
ハカセの
Introduction

金属イオンの分離

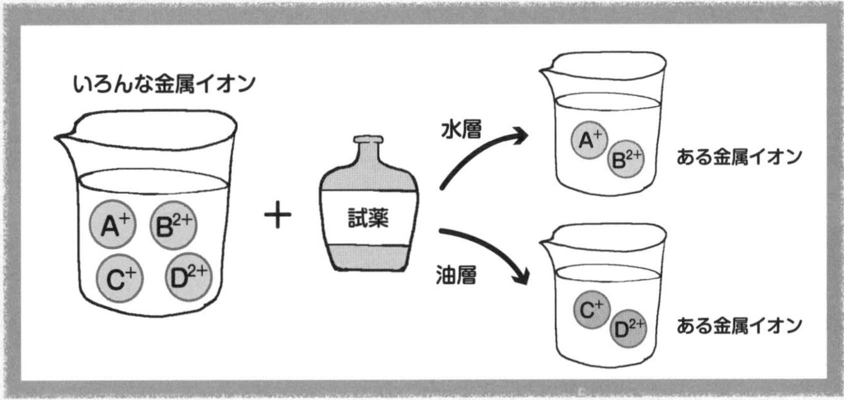
いろんな金属イオン
A+
B2+
C+
D2+
+
試薬
水層
油層
ある金属イオン
ある金属イオン

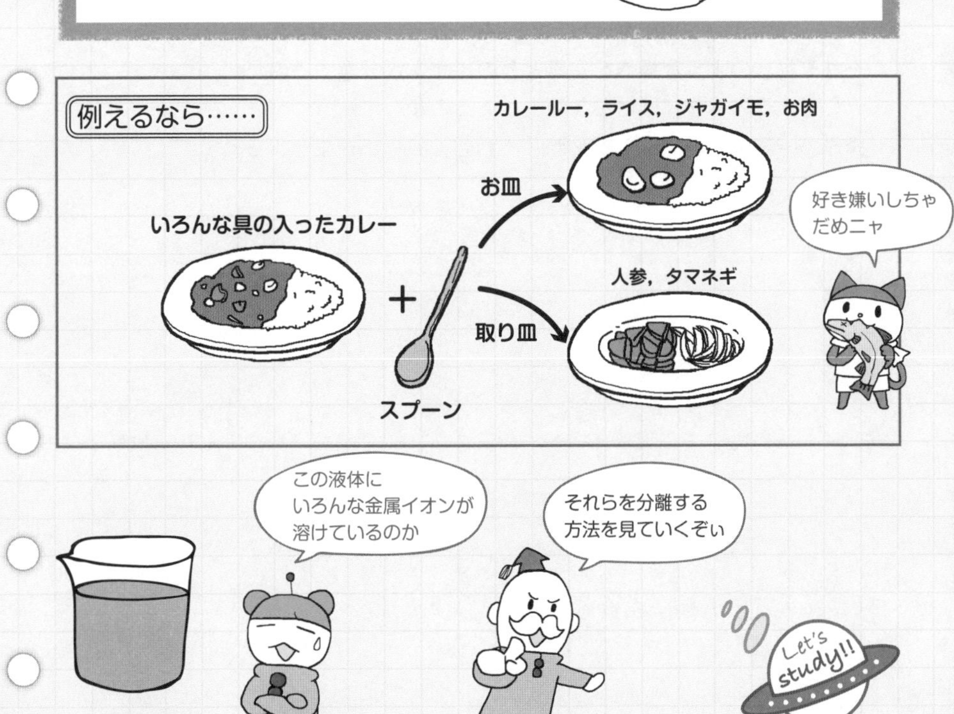
例えるなら……
いろんな具の入ったカレー
+
スプーン
お皿
取り皿
カレールー，ライス，ジャガイモ，お肉
人参，タマネギ
好き嫌いしちゃ
だめニャ
この液体に
いろんな金属イオンが
溶けているのか
それらを分離する
方法を見ていくぞぃ
Let's
study!!

12-1 金属イオンの分離

ココをおさえよう！

金属イオンを分離する際に加える試薬には，順序がある。

まず，何はともあれ，基本的な金属イオンの分離のパターンを見てもらいましょう。
一例ですが，右ページのような順序で分離を行います。

水溶液の中に8種類の金属イオン

Na^{+}，Ca^{2+}，Al^{3+}，Fe^{3+}，Zn^{2+}，Cu^{2+}，Pb^{2+}，Ag^{+}

が溶けています。

操作①～⑤を，順番で行っていくことで，少しずつ目的となるイオンを溶液中から分離していくのです。
順番を変えたりすると，うまく分離はできません。
それぞれの操作には理由があります。

それぞれどのような操作をするとどのイオンが分離するのか，
そして，その操作にはどんな理由があるのか。
操作①～⑤について，12-2からくわしく見ていきましょう。

まずは… 基本的な金属イオンの分離パターン

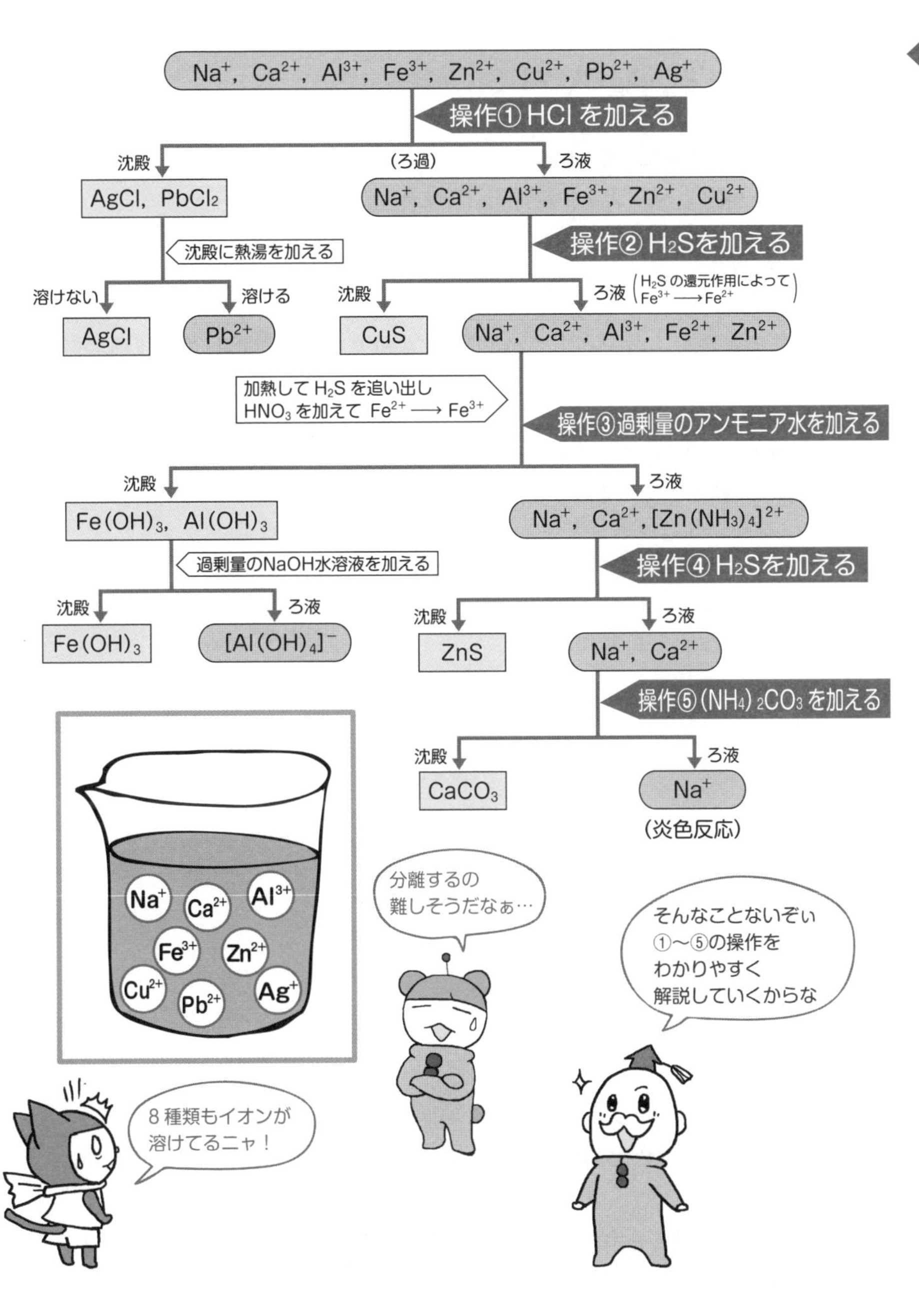

12-2 金属イオンの分離 操作①「HClを加える」

ココをおさえよう！

HClを加えると，AgCl，$PbCl_2$が沈殿する。

まずは**操作①「水溶液にHClを加える」**です。
これによって，Cl^-と反応する金属イオンが沈殿します。
このCl^-と反応して沈殿を生じる金属イオンが少ないため，
最初に加えたのです。

Cl^-と反応するイオンはAg^+，Pb^{2+}で，これにより**AgCl**，**$PbCl_2$**が沈殿します。

沈殿が生じるのはいいのですが，この２つの沈殿は両方とも白色沈殿です。
この2つを識別しなければなりません。
なので，ここに**熱湯**を加えてみます。

すると，**$PbCl_2$は熱湯に溶け，AgClは溶けない**という性質がありますので，
これによってAgClと$PbCl_2$を分離（識別）することができるのです。

$$PbCl_2 \longrightarrow Pb^{2+} + 2Cl^-$$

熱湯の代わりに，過剰のアンモニア水を加えると，AgClのほうが溶けます。

$$AgCl + 2NH_3 \longrightarrow [Ag(NH_3)_2]^+ + Cl^-$$

$Hg_2{}^{2+}$もCl^-によってHg_2Cl_2（白色沈殿）を生じますが，あまり重要ではありません。

Point ···Cl^-との反応

◎ Ag^+，Pb^{2+}が反応し，AgCl，$PbCl_2$が沈殿する。

◎ AgClと$PbCl_2$を分離したり，識別したりするときは，熱湯を加える。
$PbCl_2$は熱湯に溶け，AgClは熱湯に溶けない。

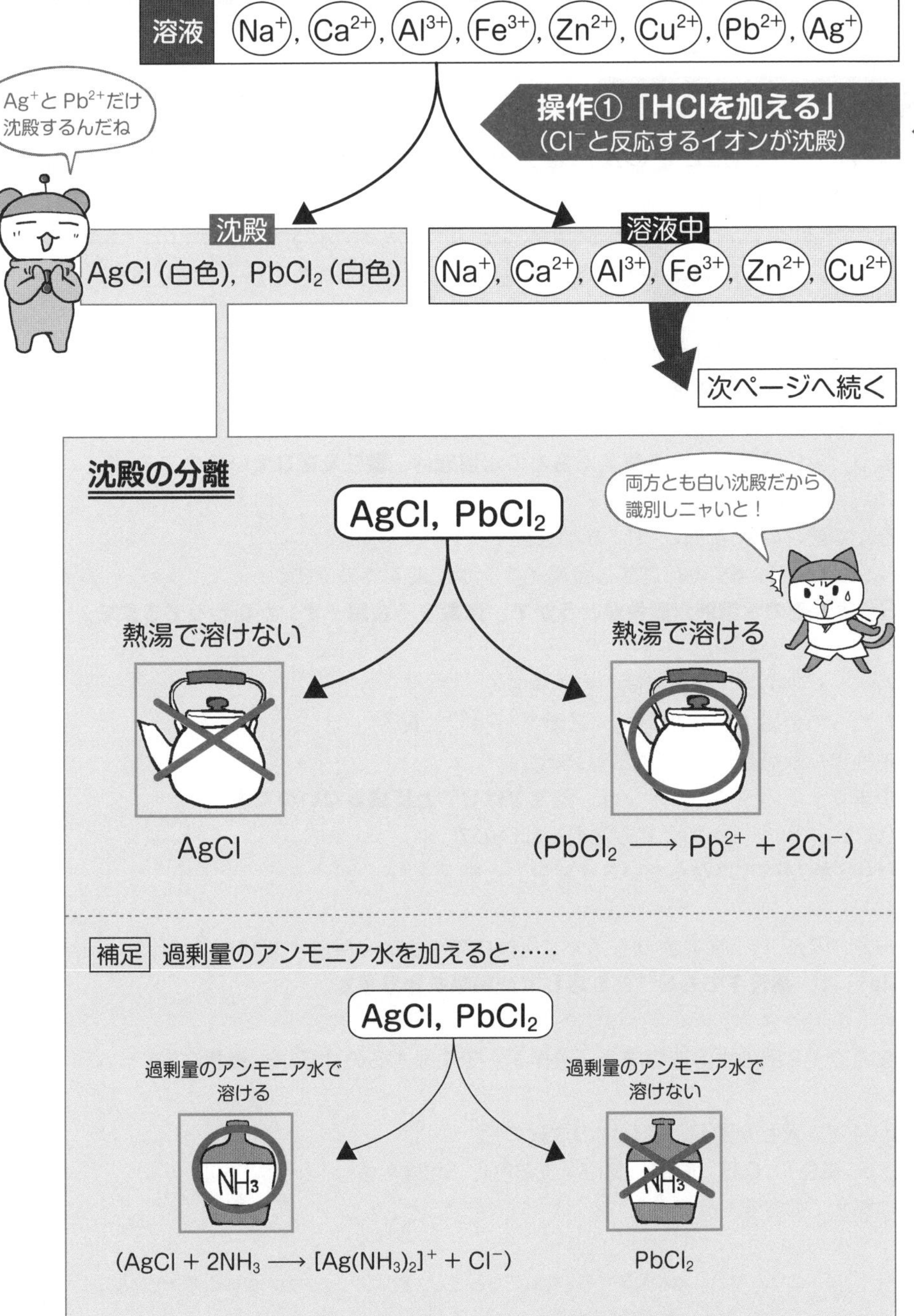
溶液
Na⁺, Ca²⁺, Al³⁺, Fe³⁺, Zn²⁺, Cu²⁺, Pb²⁺, Ag⁺
Ag⁺とPb²⁺だけ沈殿するんだね
操作①「HClを加える」
(Cl⁻と反応するイオンが沈殿)
沈殿
AgCl (白色), PbCl₂ (白色)
溶液中
Na⁺, Ca²⁺, Al³⁺, Fe³⁺, Zn²⁺, Cu²⁺
次ページへ続く
沈殿の分離
AgCl, PbCl₂
両方とも白い沈殿だから識別しニャいと！
熱湯で溶けない
熱湯で溶ける
AgCl
(PbCl₂ ⟶ Pb²⁺ + 2Cl⁻)
補足 過剰量のアンモニア水を加えると……
AgCl, PbCl₂
過剰量のアンモニア水で溶ける
過剰量のアンモニア水で溶けない
NH₃
NH₃
(AgCl + 2NH₃ ⟶ [Ag(NH₃)₂]⁺ + Cl⁻)
PbCl₂

12

12-3 金属イオンの分離 操作②「H_2Sを加える」

ココをおさえよう！

H_2Sを加えたときの反応は，水溶液が酸性のときと中性・塩基性のときで違う。

続いて，**操作②「H_2Sを加える」**に進みますが，大事なことが一点あります。

先ほど操作①でHClを加えましたが，それはCl^-によって
AgClや$PbCl_2$の沈殿を得るためだけではなかったのです。
忘れてはいけないのが，加えたHClは**酸性**であるということ。
そう，実は**「操作①」を終えたあとの水溶液は，酸性を帯びている**のです。

そんな酸性の水溶液に，H_2Sを加えます。
H_2Sによって，S^{2-}と反応する金属イオンが沈殿するのですが，
S^{2-}は，その水溶液が酸性かどうかで，沈殿する金属イオンが変わってきます。

右ページ下のイオン化傾向の表を見てください。
これらの金属イオンのうち，「**Zn^{2+}，Fe^{2+}，Ni^{2+}**」は，
中性または塩基性でしか反応しません。
つまり，この３つのイオンは，**酸性ではS^{2-}と反応しないのです。**
（酸性下ではH_2Sを加えても沈殿しないので，
「H_2Sが“あてに”ならない３イオン」と覚えましょう）

一方，「Zn，Fe，Ni」よりもイオン化傾向の小さい金属イオン（Sn^{2+}，Pb^{2+}，Cu^{2+}，Hg^+）は，**酸性下でもS^{2-}と反応して沈殿物を作ります。**

なので，今回の水溶液の場合「操作②」で沈殿するのは**CuS**（**黒色**）ですね。

p.94で学習した通り，硫化物の沈殿の色
ZnS（白色），CdS（黄色），MnS（淡赤色），SnS（褐色）
は覚えておきましょうね。

※ アルミニウムAlは，塩基性下でH_2Sを加えたとき，沈殿は生じますが，これは水酸化アルミニウム$Al(OH)_3$で，硫化物の沈殿ではありません。

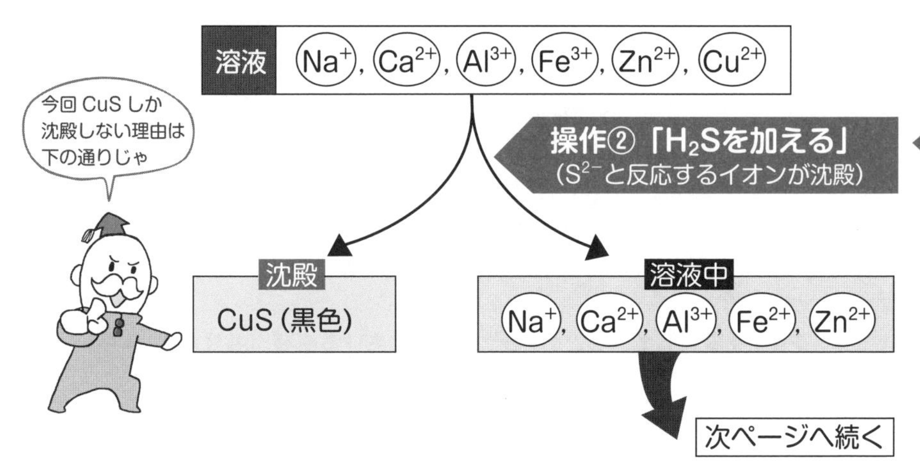

次ページへ続く

注　操作①「HClを加える」により，溶液は酸性！

酸性溶液中で S^{2-} と沈殿を作るイオンは？

S^{2-}との反応　（今回の溶液に含まれていないものは（　）をしてあります）

沈殿を作らないもの	Na^+，Ca^{2+}，（K^+，Ba^{2+}，Mg^{2+}）
中性・塩基性でしか沈殿しないもの	ZnS，FeS，（NiS，MnS）
酸性溶液中でも沈殿するもの	（SnS），~~PbS~~，CuS，（HgS），~~Ag_2S~~，（CdS）

イオン化傾向との関係を見てみると……

K Ca Na Mg Al | Zn Fe Ni | Sn Pb [H_2] Cu Hg Ag Pt Au

（あてに）

沈殿しない | 中性・塩基性でしか沈殿しない | 酸性でも沈殿する

それでは続いて，操作③「過剰量のアンモニア水を加える」に移りましょう……
といいたいのですが，その前に，準備をしないといけません。

操作②で加えたH_2Sには，**還元性**がありましたね（p.94を復習！）。
この還元性によって，水溶液中に含まれている**Fe^{3+}が，Fe^{2+}に還元**されてしまっているのです。
よって，**Fe^{2+}を酸化して，もとのFe^{3+}に戻してあげる必要があります。**

そのために，次の準備を行います。
- まずは水溶液を加熱し，H_2Sを追い出します。
- 次に，酸化作用のある**硝酸 HNO_3**を加え，Fe^{2+}をFe^{3+}に戻します。

これでやっと，「操作③」に移る準備が整いました。

「立つ鳥跡を濁さず」ということで，
しっかりH_2Sの影響はリセットする必要があるのです。

操作③「過剰量のアンモニア水を加える」 の前に……

操作②「H_2Sを加える」
還元性

$Fe^{3+} \longrightarrow Fe^{2+}$に還元されている！

そこで……

i ）水溶液を加熱し，H_2Sを追い出す。
ii ）酸化作用のある硝酸HNO_3を加え，$Fe^{2+} \longrightarrow Fe^{3+}$に戻す。

という２つの準備が必要。

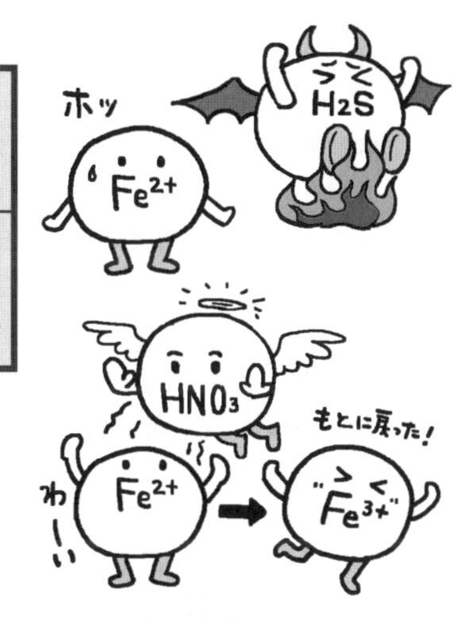

では，操作③へいきましょう！

12-4 金属イオンの分離 操作③「過剰量のアンモニア水を加える」

ココをおさえよう！

過剰量のアンモニア水を加えて溶けるのは，Zn^{2+}，Cu^{2+}，Ag^{+}

続いて，残った水溶液に**操作③「過剰量のアンモニア水を加える」**を行います。

この「アンモニア水を少量／過剰量加える」や「水酸化ナトリウム水溶液を少量／過剰量加える」というキーワードに，ピンとこないといけませんね。

p.298にまとめましたが，このキーワードが出てきたときに考えるべき金属イオンは

$\underbrace{Al^{3+}，Zn^{2+}，Sn^{2+}，Pb^{2+}}_{\text{両性元素のイオン}}$，$Fe^{3+}$，($Fe^{2+}$)，$Cu^{2+}$，$Ag^{+}$

です（頭を整理したい人は，先にp.298を読むことをお勧めします！）。

これらはどれも，**OH^-を少量加えたとき**（つまり，アンモニア水または水酸化ナトリウム水溶液を少量加えたとき）には，**水酸化物となって沈殿**しましたね。

沈殿：$Al(OH)_3$，$Zn(OH)_2$，$Sn(OH)_2$，$Pb(OH)_2$，$Fe(OH)_3$，$Cu(OH)_2$，Ag_2O※
（今回の溶液中で沈殿するのは$Al(OH)_3$，$Zn(OH)_2$，$Fe(OH)_3$です）

この3つの沈殿のうち，アンモニアNH_3水を過剰量加えることによって

- 変化しないもの（沈殿のまま）：$Al(OH)_3$，$Fe(OH)_3$
- 変化するもの（溶ける）：$Zn(OH)_2$

$$Zn(OH)_2 + 4NH_3 \longrightarrow [Zn(NH_3)_4]^{2+} + 2OH^-$$

ですので，アンモニア水を過剰量加えることによって，$Al(OH)_3$，$Fe(OH)_3$が沈殿として得られ，水溶液中には$[Zn(NH_3)_4]^{2+}$，Na^+，Ca^{2+}が残ります。

※ AgOHは不安定なので，すぐにAg_2Oに変化するのでしたね（p.268参照）。

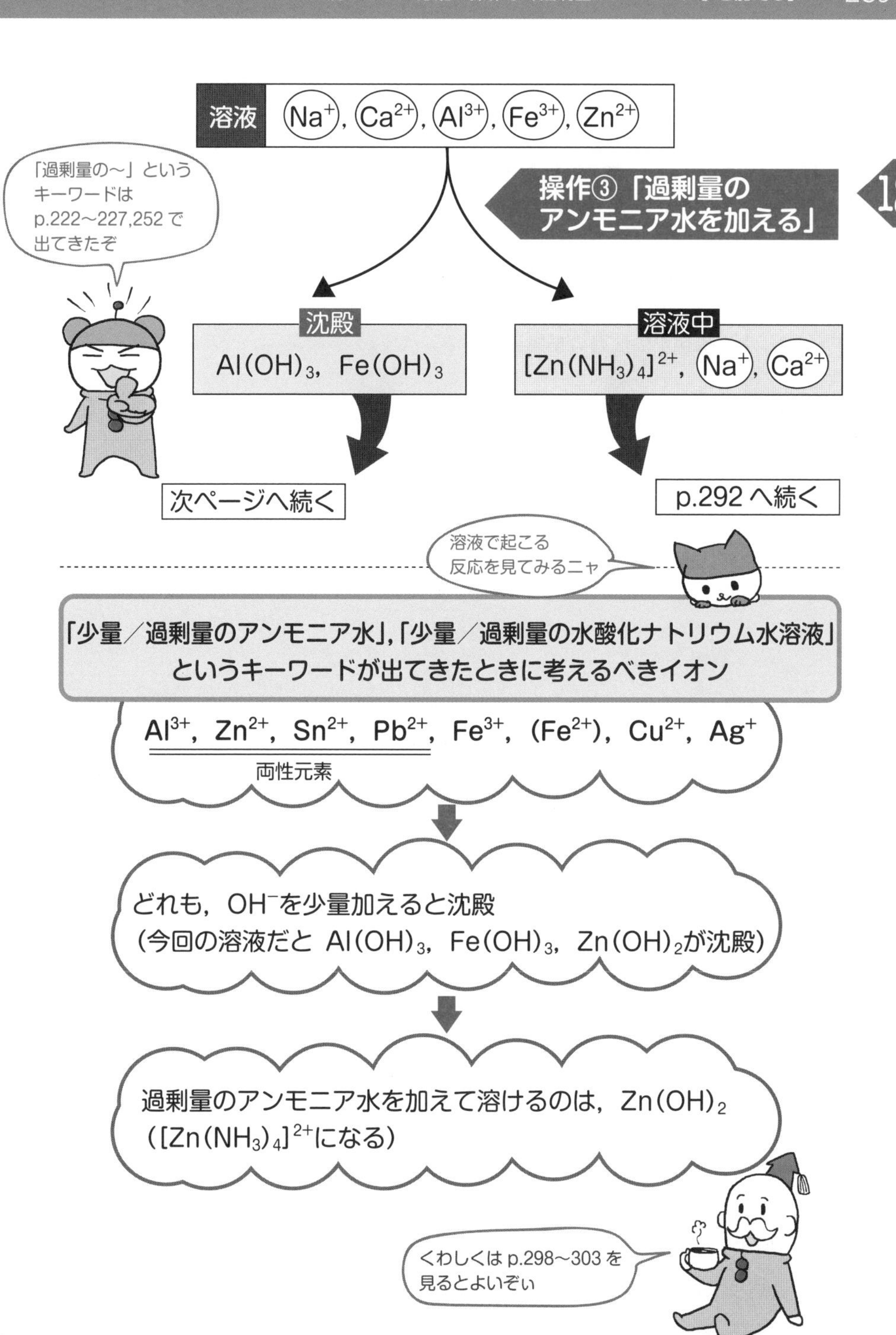
溶液 Na^{+}, Ca^{2+}, Al^{3+}, Fe^{3+}, Zn^{2+}
操作③「過剰量のアンモニア水を加える」
12
「過剰量の～」というキーワードはp.222～227,252で出てきたぞ
沈殿
$Al(OH)_3$，$Fe(OH)_3$
溶液中
$[Zn(NH_3)_4]^{2+}$, Na^{+}, Ca^{2+}
次ページへ続く
p.292へ続く
溶液で起こる反応を見てみるニャ
「少量／過剰量のアンモニア水」,「少量／過剰量の水酸化ナトリウム水溶液」というキーワードが出てきたときに考えるべきイオン
Al^{3+}，Zn^{2+}，Sn^{2+}，Pb^{2+}，Fe^{3+}，(Fe^{2+})，Cu^{2+}，Ag^{+}
両性元素
どれも，OH^{-}を少量加えると沈殿
(今回の溶液だと $Al(OH)_3$，$Fe(OH)_3$，$Zn(OH)_2$が沈殿)
過剰量のアンモニア水を加えて溶けるのは，$Zn(OH)_2$
($[Zn(NH_3)_4]^{2+}$になる)
くわしくはp.298～303を見るとよいぞぃ

それでは沈殿として分離された$Al(OH)_3$，$Fe(OH)_3$は，
どのようにして分離したり識別したりすればいいでしょう？

それは，ここに**過剰量の水酸化ナトリウム水溶液**を加えるのです。
すると，$Al(OH)_3$は$[Al(OH)_4]^-$となって溶解するのに対し，
$Fe(OH)_3$は溶解せずに沈殿のまま残ります。

（これもくわしくはp.298～303を見てくださいね！）

こうして，分離された沈殿も分離したり識別したりすることができるのです。

Point・・・過剰量の○○を加えたとき

◎ Al^{3+}，Zn^{2+}，Sn^{2+}，Pb^{2+}，Fe^{3+}，(Fe^{2+})，Cu^{2+}，Ag^+ はどうなる？

◆ 過剰量のアンモニア水
Zn^{2+}，Cu^{2+}，Ag^+は溶け，それ以外は沈殿のまま残る。

◆ 過剰量の水酸化ナトリウム水溶液
Al^{3+}，Zn^{2+}，Sn^{2+}，Pb^{2+}（両性元素）は溶け，それ以外は沈殿のまま残る。

先ほどの沈殿を分離する

12-5 金属イオンの分離 操作④「H_2Sを加える」

ココをおさえよう！

イオン化傾向の「Zn，Fe，Ni」以下のイオンは，中性・塩基性下で硫化物として沈殿する。

さて，ここで再びH_2Sを通じます。

操作④「H_2Sを加える」

念のため確認しますが，先ほど操作③でアンモニア水を加えたばかりなので，
水溶液は**弱塩基性**を帯びていますね。

p.284で説明したように，イオン化傾向が「Zn，Fe，Ni」以下のイオンはすべて，
中性・塩基性下ならば硫化物として沈殿します。

今回の水溶液に溶けているZn^{2+}，Na^{+}，Ca^{2+}のうち，
Zn^{2+}がZnS（白色沈殿）として沈殿します。
このZnSは硫化物で唯一白色という性質を持っているので，
覚えておきましょうね。

こうして，水溶液に含まれるのは，残りNa^{+}とCa^{2+}となりました。
あともうひと踏んばりですね。

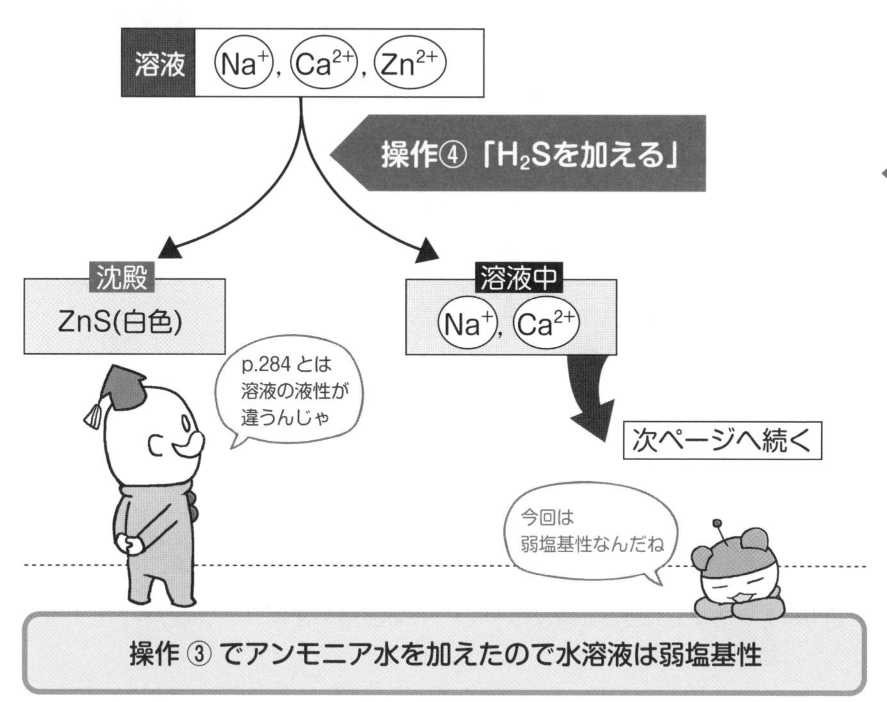

操作 ③ でアンモニア水を加えたので水溶液は弱塩基性

S^{2-}との反応（しつこくもう一度！）

12-6 金属イオンの分離　操作⑤「$(NH_4)_2CO_3$を加える」

ココをおさえよう！

CO_3^{2-}を加えてCa^{2+}を沈殿させる。
あとは，炎色反応で色を見よう。

残すところ，Na^+とCa^{2+}になりました。

この２つのイオンはイオン化傾向が大きく，水中でNa^+，Ca^{2+}として
安定的に存在するので，なかなか沈殿物として沈殿させられません。
手強い2つが残ったということですね。

しかし，Ca^{2+}を沈殿させることができるイオンがあります。**CO_3^{2-}**です。

p.200にも書きましたが，Ca^{2+}はアルカリ土類金属のイオンなので，
CO_3^{2-}と塩を作り，水に溶けにくい$CaCO_3$となるのでした。

そこで，Ca^{2+}を沈殿させるために，CO_3^{2-}を含む**炭酸アンモニウム $(NH_4)_2CO_3$**を試薬として加えましょう。

炭酸イオンCO_3^{2-}は，Na^+，K^+，NH_4^+以外の金属イオンとはすべて，炭酸塩となって沈殿を生じます。
$(NH_4)_2CO_3$は多くの金属イオンを沈殿させる，最強の試薬ですね。
それにしても，Na^+，K^+は本当に沈殿しにくい金属イオンですね。

こうして，Ca^{2+}を**$CaCO_3$**として分離することができました。

さて，残った溶液中にNa^+が含まれていることを確かめるにはどうしたらいいでしょう？
Na^+はイオン化傾向が大きいので，沈殿させるのはなかなか至難の業です。

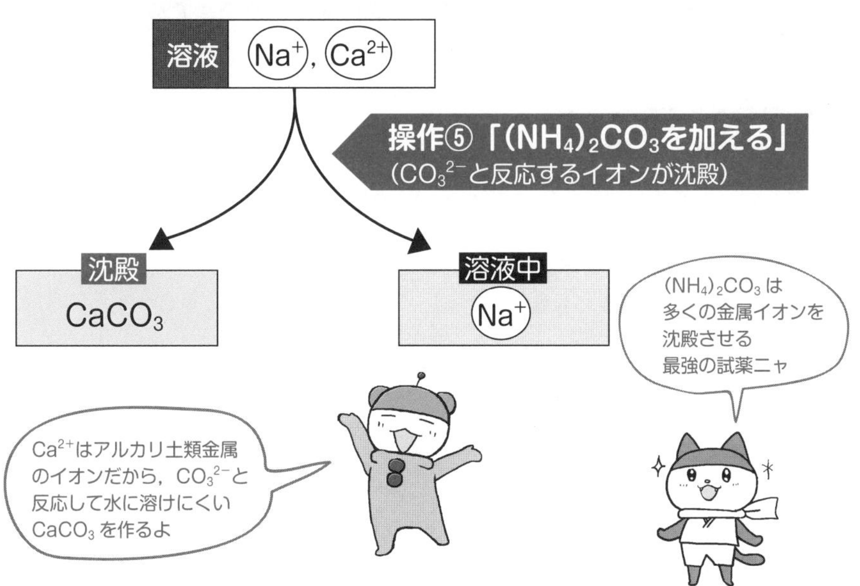
溶液 Na^+, Ca^{2+}
操作⑤「$(NH_4)_2CO_3$を加える」
(CO_3^{2-}と反応するイオンが沈殿)
沈殿
$CaCO_3$
溶液中
Na^+
$(NH_4)_2CO_3$は多くの金属イオンを沈殿させる最強の試薬ニャ
Ca^{2+}はアルカリ土類金属のイオンだから，CO_3^{2-}と反応して水に溶けにくい$CaCO_3$を作るよ

Na^+
なんとも沈殿しにくいヤツだな
本当にNa^+は存在してるのかニャ？
次ページで確認方法を見ていくぞぃ

12-7 金属イオンの分離 最後の操作「炎色反応」

ココをおさえよう！

最後まで残った金属イオンは，炎色反応で色を調べる。

ここまできたら，最後は**炎色反応**を用います。
（くわしくはp.192を復習しましょう）

Na^+は炎色反応が**黄色**でしたので，黄色の炎になったらNa^+が含まれていることを確認できますね。

Na^+やLi^+のようなアルカリ金属はイオン化傾向が大きく，イオンとして存在したがるので，沈殿として分離されることは（高校化学では）まずありません。
これらのアルカリ金属が含まれていることは，炎色反応で確認するのが定石です。

こうして，水溶液中の金属イオンを無事，分離（識別）することができました。
整理できましたか？

最後の操作「炎色反応」

炎色反応

Na^+は炎色反応で黄色を示す。

炎色反応のおさらい

リアカー（Li：赤）　なき（Na：黄）　K村（K：紫），動力（Cu：緑）　借りようと（Ca：橙）

するもくれない（Sr：紅）　馬力（Ba：緑）　でいこう！

ここまでやったら
別冊 P. 41 へ

12-8 金属イオンと塩基との反応のまとめ

ココをおさえよう！

NH_3水を過剰量，NaOH水溶液を過剰量加えた場合，溶けるものを覚えよう。

たびたび登場する
「アンモニア水を少量／過剰量加える」や「水酸化ナトリウム水溶液を少量／過剰量加える」というキーワード。
これについて，一度整理しておきましょう。

まず，このキーワードの対象となる金属イオンはこれです。
Al^{3+}，Zn^{2+}，Sn^{2+}，Pb^{2+}，Fe^{3+}，Fe^{2+}，Cu^{2+}，Ag^{+}

「両性元素とFe，Cu，Ag」と暗記してもいいですが，せっかくなので
「ああすんなり，　銀（河）鉄道が延期」
とゴロで覚えておきましょう。

Al，	Zn，	Sn，	Pb，	Ag，	Fe，	Cu	塩基（NH_3，NaOH）との反応で注意すべきイオン
あ	あ	すん	なり	銀（河）	鉄	道 が	延期

金属イオン × 塩基 まとめ

・アンモニア水を少量／過剰量加える。
・水酸化ナトリウム水溶液を少量／過剰量加える。

対象となる金属イオン

Al^{3+}，Zn^{2+}，Sn^{2+}，Pb^{2+}，Fe^{3+}，Fe^{2+}，Cu^{2+}，Ag^{+}

（Al^{3+}，Zn^{2+}，Sn^{2+}，Pb^{2+}：両性元素のイオン）

12

ゴロで覚えよう

さて，これらの金属イオンが，どのような反応を示すのでしょうか？
以下の3つの場合について分けて考えてみましょう。

〔1〕 OH^-（アンモニア水または水酸化ナトリウム水溶液）を少量加える。
〔2〕 アンモニア水を過剰量加える。
〔3〕 水酸化ナトリウム水溶液を過剰量加える。

〔1〕 OH^-（アンモニア水または水酸化ナトリウム水溶液）を少量加える。

結論からいうと，対象となる金属イオンは**すべて水酸化物の沈殿を生じます。**
ただし，**色が重要**です。必ず覚えてくださいね。

$Al(OH)_3$，$Zn(OH)_2$，$Sn(OH)_2$，$Pb(OH)_2$,（←これらはすべて**白色**）
Ag_2O（**褐色**），$Fe(OH)_2$（**緑白色**），$Fe(OH)_3$（**赤褐色**），$Cu(OH)_2$（**青白色**）

〔2〕 アンモニア水を過剰量加える。

さて，アンモニア水を少量加えることによって沈殿が生じているのですが，
そこにさらにアンモニア水を加えてみます。

すると，OH^-よりもNH_3と結合しやすい金属イオンの場合は，
OH^-を追い出してNH_3と配位結合し，錯イオンとなって水に溶けます。

そのようなイオンは，$\mathbf{Zn^{2+}}$，$\mathbf{Ag^+}$，$\mathbf{Cu^{2+}}$で，それぞれ
$[Zn(NH_3)_4]^{2+}$（無色），$[Ag(NH_3)_2]^+$（無色），$[Cu(NH_3)_4]^{2+}$（**深青色**）
となります。

場合分けして考えましょう

〔1〕OH^-（アンモニア水または水酸化ナトリウム水溶液）を少量加える。
〔2〕アンモニア水を過剰量加える。
〔3〕水酸化ナトリウム水溶液を過剰量加える。

〔1〕OH^-（アンモニア水または水酸化ナトリウム水溶液）を少量加える。

対象となる金属イオンはすべて水酸化物の沈殿を生じる。

色が重要！

$Al(OH)_3$，$Zn(OH)_2$，$Sn(OH)_2$，$Pb(OH)_2$（←どれも白色）
Ag_2O（褐色），$Fe(OH)_2$（緑白色），$Fe(OH)_3$（赤褐色），
$Cu(OH)_2$（青白色）

〔2〕アンモニア水を過剰量加える。

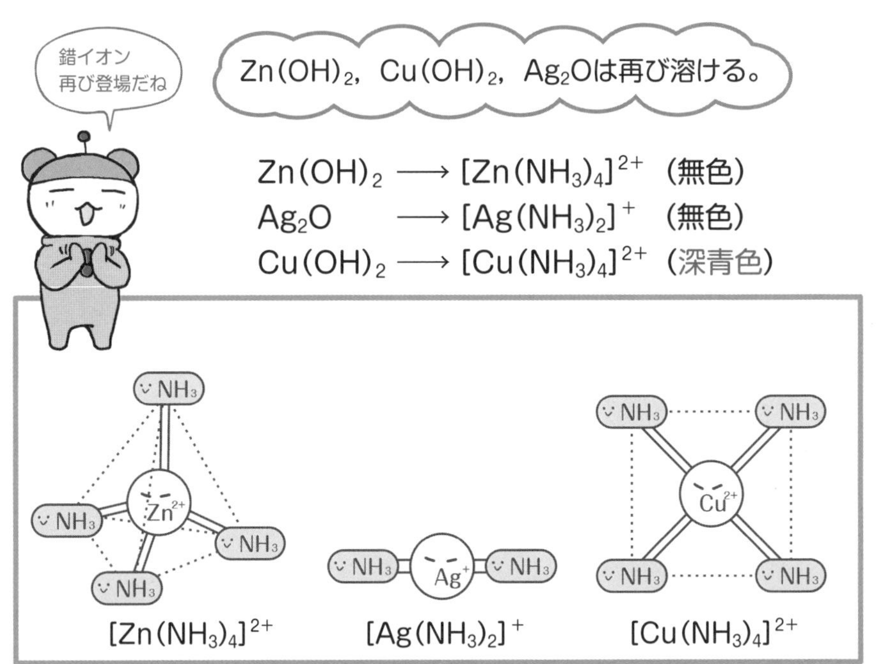

〔3〕 水酸化ナトリウム水溶液を過剰量加える。

さて，水酸化ナトリウム水溶液を少量加えることによって沈殿が生じているのですが，そこにさらに水酸化ナトリウム水溶液を加えてみます。

すると，**両性元素**だけは，それぞれ

$[Al(OH)_4]^-$，$[Zn(OH)_4]^{2-}$，$[Sn(OH)_4]^{2-}$，$[Pb(OH)_4]^{2-}$（すべて無色）

となり，水に再び溶けます。

〔2〕，〔3〕で出た「過剰に加えると溶けるイオン」をまとめて

「あんドーナツ揚げるぜ！
水の量，制限しないで　過剰に入れて溶かして!!」

とゴロで覚えましょう。

アンモニア水：（Cu^{2+}，Ag^+，Zn^{2+}），
あん　ドーナツ　揚げる　ぜ！
水酸化ナトリウム水溶液：両性元素
水の　量，制限しないで　過剰に入れて溶かして!!

となります。右のイラストと一緒に覚えてくださいね。

以上で無機化学はすべて終わりです！　最後までお疲れさまでした！

〔3〕水酸化ナトリウム水溶液を過剰量加える。

両性元素の水酸化物は再び溶ける。

$Al(OH)_3 \longrightarrow [Al(OH)_4]^-$
$Zn(OH)_2 \longrightarrow [Zn(OH)_4]^{2-}$
$Sn(OH)_2 \longrightarrow [Sn(OH)_4]^{2-}$
$Pb(OH)_2 \longrightarrow [Pb(OH)_4]^{2-}$　（すべて無色）

ゴロで覚えよう

「過剰に加えると溶けるイオン」（〔2〕，〔3〕のまとめ）

あん（アンモニア水）　ドーナツ（Cu^{2+}）　揚げる（Ag^+）　ぜ！（Zn^{2+}）

水の（水酸化ナトリウム水溶液）　量，制限（両性元素）しないで

過剰に入れて溶かして!!
（アンモニア水や水酸化ナトリウム水溶液を過剰に入れると溶ける）

理解できたものに，☑チェックをつけよう。

いろいろな金属イオンが含まれる水溶液について…

- [ ] Cl^- を加えることで，AgCl，$PbCl_2$が沈殿する。どちらも白色なので，熱湯を加えたり，アンモニア水を過剰量加えたりすることで，どちらなのかを判定することができる。
- [ ] S^{2-} との反応について，Zn^{2+}，Fe^{2+}，Ni^{2+} は酸性下では沈殿しない。
- [ ] H_2Sを加えたあとの操作について，H_2Sには還元性があるので，硝酸HNO_3で酸化し，Fe^{2+} をFe^{3+} に戻してあげないといけない。
- [ ] アンモニア水を過剰量加えて，沈殿が溶けるのは，Zn^{2+}，Cu^{2+}，Ag^+である。
- [ ] 水酸化ナトリウム水溶液を過剰量加えて，沈殿が溶けるのは，両性元素(Al^{3+}，Zn^{2+}，Sn^{2+}，Pb^{2+})である。
- [ ] Na^+ などのアルカリ金属イオンは最後まで沈殿しないので，炎色反応で確かめる。

無機化学も
これで終了じゃ！
やったニャー！！
もう勉強しないで
すむぞ！！

よしっ！
これで無機化学の本も
完成じゃ
やった――!!
わかりやすかったニャ！
ニガテ意識もすっかり
なくなったし！
助手のボクの
仕事がよかった
からね！
まあまあ
2人ともよく
頑張ったぞぃ
な…
なにーっ！
いや
ハカセの
おかげニャ
この地球には
いろんな物質があるんだね～

ハカセ〜
通信機が直りましたよ
2人にも
ご褒美のシャケよ
おお！
わーい！
ムシャ　ムシャ
これで助けが
呼べるぞい
ピッ ピッ
はい
タントウです
おお！
わしじゃ
わしじゃ！
ピピッ
ぱっ
あっ！　ハカセ！
ご無事でしたか！
心配してたんですよ！
一体今まで何を
なさっていたのですか!?
すまんすまん
宇宙船が
壊れてしまって
のぅ〜
クマの食べ過ぎのせいで…
んっ
前回の本が好評で
続編をという
声が多くて…
ハカセの行方を捜して
いたのです！
おお地球で
無機化学の本を
作ったぞぃ
すでに
できあがっている
とはありがたい！
うむ
データを
送るぞ

それで…
宇宙船がないので
迎えに来て
くれんかね？
わかりました
すぐに手配を
致しましょう
ここは
地球の
ネコ村じゃ
一週間くらい
お待ち頂ければ…
えー！
ワープとかして
すぐに来てよ～
コラッコラ
ワープですか…
それもできますが…
なんとか今日中に
送りましょう
私はこの本を出版
するために行けません
ので無人機をお送り
しますね
ピッピッ
まぁ
帰れるなら
なんでもいいぞぃ
はい
では
また～
プチン
ブチ
ハカセ…うちの息子の
無機化学のニガテを
克服してくれて
ありがとうございました！
いやいや…
こちらこそ
世話になった！
このネコ村は
スバラシイところ
じゃった！
帰るの…？
そりゃ
そうさ！
だだだっ
ニャンタロー？

あの子ったら
おふたりが帰るのが
寂しいのね
おい…
泣き顔を
見られるのが
イヤなんだな
なんだよ…
見送りくらいしろよな
はっ
もぐもぐ
コラッ！
食べすぎるでない！
また太ったら
火であぶるぞ！
ヒー！
むくむく
ウィ〜ン
ワープして
きたんだね
おお！
宇宙船じゃ！
やっと
帰れるぞ〜！
おお〜
それでは
行くかのぅ
はーい
いろいろ
ありがとう
ございました
お気をつけて！
ウィ〜ン
だっ

ハカセ～！
勉強を教えてくれて
ありがとうニャ～！
クマ～！
シャケばっか
食べてニャいで
ちゃんと助手やれよ～！
あいつ～
最後まで
憎まれ口を～
ははっ
よいトモダチが
できてよかった
のぅ
さらばじゃ～
じゃ～ね～
シャケおいし
かったよ～
さよ～ニャら～！
ハカセーやっと
帰れるね～
そうじゃのう
理論化学も無機化学も
宇宙一わかりやすく
できてよかったわぃ

ピピーーッ
むむっ？
なんじゃ？
燃料不足!?
EMPTY
ぱっ
おい
タントウ！
どういうことじゃ
ピピッ
どうも
ハカセ…
エッ？
燃料が？
ぱっ
あっ…！　すみません…
ワープをすると
燃料を大量に
使ってしまうのでした…
急いでいたので
そのぶんの燃料を
入れ忘れました！
えー!?
どうするんじゃ？
たしか…
月に給油ポイントが
あったはずです
つ…月!?
しかたない…
月に向かうぞぃ！
クマ！
え～まだ
帰れないの!?
またもや星に帰れない
ハカセとクマ…
月には何が待っている
のでしょうか…？

有機化学編につづくよ！

さくいん

あ行

か行

さ行

ま行

や行

ら行

装丁	名和田耕平デザイン事務所
中面デザイン	オカニワトモコ デザイン
イラスト	水谷さるころ
データ作成	株式会社四国写研
印刷所	株式会社リーブルテック
編集協力	秋下　幸恵・江川　信恵
	岡田　成美・岡庭　璃子
	福森美惠子・右田　啓哉
	株式会社U-Tee
	株式会社オルタナプロ
	株式会社メビウス
	株式会社ダブルウイング
シリーズ企画	宮﨑　　純
企画・編集	徳永　智哉・荒木　七海

別冊

問題集

周期表

確認問題 1　1-1，1-2，1-3 に対応

(1)　次の文中の（　あ　）～（　え　）に入る語句を答えよ。

元素を（　あ　）の順に並べると性質のよく似た元素が周期的に現れる。この性質を（　い　）という。このような性質があるのは，原子のいちばん外側の電子の数，つまり（　う　）（貴ガスは0とする）が周期的に変わり，原子の性質は原子のいちばん外側の電子の状態に大きく依存するからである。また，（　あ　）は，原子中の電子や（　え　）の数と等しい。

(2)　下の周期表の（　ア　）～（　エ　）の元素群（族）はなんと呼ばれているか答えよ。

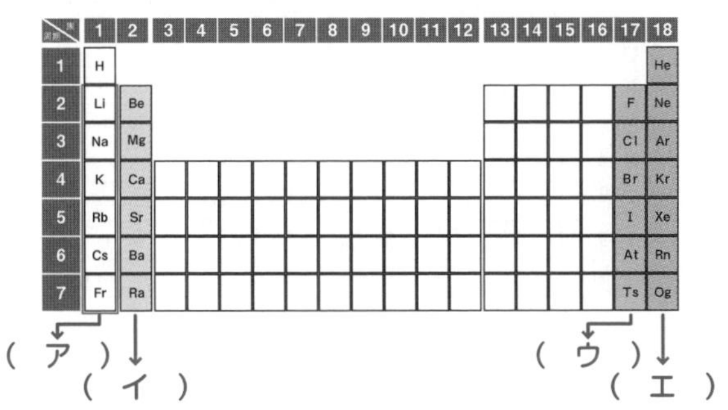

本冊の文中に出てきた文を，ほとんどそのまま問題にしました。

(1)　**（　あ　）原子番号，（　い　）周期律，（　う　）価電子の数，（　え　）陽子**　答

(2)　**（　ア　）アルカリ金属，（　イ　）アルカリ土類金属，（　ウ　）ハロゲン，（　エ　）貴ガス（希ガス）**　答

確認問題 2 1-4，1-5，1-6 に対応

次の問い (1) ～ (4) に答えよ。

(1) 次のように周期表を区切ったとき，(　あ　)～(　え　) はそれぞれなんと呼ばれているか答えよ。

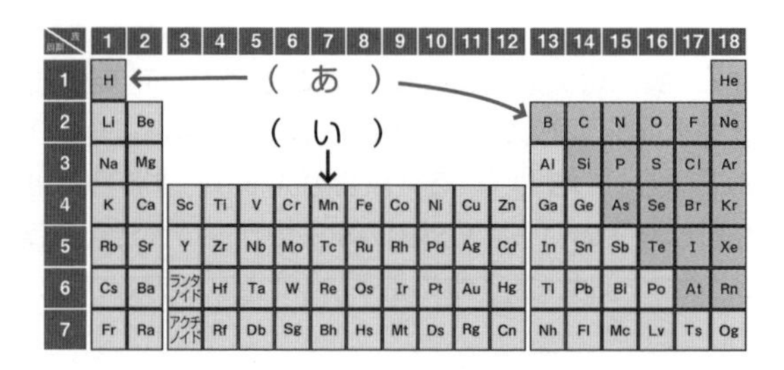

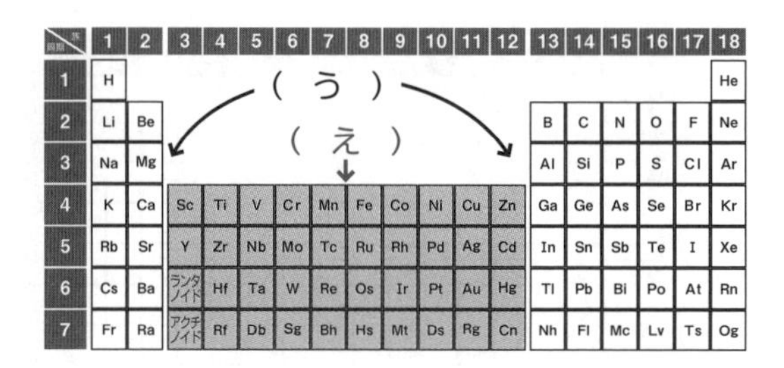

(2) (1) の (　い　) について，次の文中の㋐～㋒にあてはまる語句をどちらか選べ。

(　い　) は，㋐<陽・陰>イオンになりやすく，㋑<左下・右上>に位置する元素ほど㋐性が強いという性質がある。つまり，周期表の㋑にいくほど電子を㋒<受け取り・放出し>やすい。

(3) 次の①～⑤のうち，1価の陰イオンに最もなりやすい原子を1つ選べ。
① K　② Na　③ F　④ Cl　⑤ Ne

(4) 次の①〜④の記述のうち，正しいものを1つ選べ。

① 遷移元素はすべて金属元素である。

② 非金属元素はすべて遷移元素である。

③ 3族元素は典型元素である。

④ 水素はアルカリ金属である。

周期表のどの位置に
どんな元素があるか,
覚えるんじゃぞ

(1) 左上図は，水素を仲間外れにしている（区別のしかたをしている）ところがポイント。左下図は3〜12族元素とそれ以外で分かれているところがポイントですね。

（ あ ）非金属元素，（ い ）金属元素，（ う ）典型元素，（ え ）遷移元素 

(2) 日本地図でいうと，左下にいくほど暑くなって「服を脱ぐ」ところが,「(陽性が強くなって) 電子を放出する」のに似ているのでしたね。

㋐ 陽，㋑ 左下，㋒ 放出し 

(3) ①，②は金属元素，⑤は貴ガスなので，そもそも陰イオンにはなりにくい。③，④は非金属元素で，そのうち右上の元素のほうがより陰イオンになりやすいので，正解は③ 答

(4) ② 非金属元素はすべて典型元素です。
③ 3族元素は遷移元素です。
④ 水素は1族元素ですが, アルカリ金属には含まれません。非金属元素です。
よって，正解は① 答

確認問題 3 1-7，1-8，1-9 に対応

次の酸化物を，塩基性酸化物，酸性酸化物，両性酸化物に分類せよ。

Al_2O_3，SO_2，SiO_2，MgO，CO_2，ZnO，Na_2O

両性元素でない金属元素の酸化物は塩基性酸化物，非金属元素の酸化物は酸性酸化物，両性元素(Al，Zn，Sn，Pb)の酸化物は両性酸化物でしたね。

塩基性酸化物：**MgO，Na_2O**
酸性酸化物：**SO_2，SiO_2，CO_2**
両性酸化物：**Al_2O_3，ZnO** 答

確認問題 4 1-10，1-11 に対応

次の①～⑤の反応のうち，反応が進むものと反応が進まないものを分類せよ。また，反応が進むものは，そのとき発生する気体を答えよ。

① マグネシウムに塩酸を加える。
② 鉄に濃硝酸を加える。
③ 銅に塩酸を加える。
④ 銅に熱濃硫酸を加える。
⑤ 銀に希硝酸を加える。

「単体の金属と酸が反応するかどうか」は，イオン化傾向を調べる必要があります。
イオン化傾向において，水素分子H_2よりもイオン化傾向が大きい場合，つまりH_2よりも左側にある金属の場合，基本的に酸と反応します。

① MgはH_2よりも左側にあるので，反応は進みます。

$$Mg + 2HCl \longrightarrow MgCl_2 + H_2$$

反応が進み，H_2(水素)が発生する。 答

② ①と同様に考えると，FeはH_2よりも左側になるので，反応は進むように思います。しかし，濃硝酸や熱濃硫酸を用いた場合，Feは不動態になって

しまうため，反応は進みません。
また，Feだけでなく，Al，Niも不動態になるのでしたね。
「酸に溶けることがあるって？　ない！」と覚えるんでしたね。
（ある：Al　て：Fe　ない：Ni）

反応は進まない。 答

③　①の理屈で考えて，CuはH_2の右側にあるので，反応は進みません。
反応は進まない。 答

④　またCuか……。と思って，「反応は進まない」と思わないでくださいね。
CuはたしかにH_2の右側にありますが，酸が熱濃硫酸または硝酸の場合，これらの酸は強い酸化作用があるので，反応します。

$$Cu + 2H_2SO_4 \longrightarrow CuSO_4 + 2H_2O + SO_2$$

反応が進み，SO_2（二酸化硫黄）が発生する。 答

⑤　銀もH_2より右側にありますが，酸が希硝酸なので（強い酸化作用をもつ），反応は進みます。

$$3Ag + 4HNO_3 \longrightarrow 3AgNO_3 + 2H_2O + NO$$

反応が進み，NO（一酸化窒素）が発生する。 答

1-10，1-11をまとめると，次のようになるのですね。

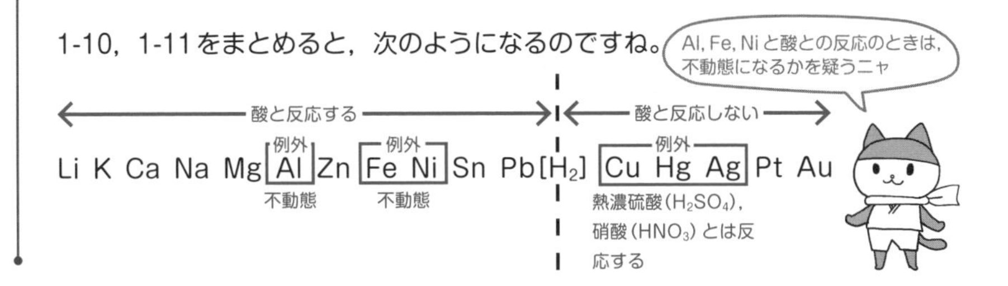

Chapter 2 水素と貴ガス

確認問題 5　2-1，2-2に対応

水素H_2に関する次の①～⑤の記述のうち，誤っているものを1つ選べ。

① 常温で無色・無臭の気体。
② 亜鉛に希硫酸を加えて生成する。
③ 酸化剤として利用される。
④ 最も軽く，密度が小さい。
⑤ 水上置換で捕集する。

水素は還元剤としてはたらきます。よって，正解は③ 

$CuO + H_2 \longrightarrow Cu + H_2O$

確認問題 6　2-3 に対応

貴ガス（希ガス）に関する次の①～⑤の記述のうち，正しいものを1つ選べ。

① 貴ガスの原子は，すべて最外殻電子数が8である。
② 価電子の数が0である。
③ 二原子分子として存在する。
④ 17族元素である。
⑤ 常温で液体である。

① Heは最外殻電子数が2で，その他は8です。
③ 貴ガスは単原子分子として存在します。
④ 貴ガスは18族元素です。17族元素はハロゲン。
⑤ 常温で気体です（貴“ガス”というくらいなので）。

よって，正解は② 答
貴ガスの価電子数は0とするのです。
（閉殻で，反応に使われる電子の数が0という意味です）

Chapter 3 ハロゲン

確認問題 7 3-1，3-2，3-3 に対応

ハロゲンに関する次の①～⑥の記述のうち，正しいものを1つ選べ。

① 沸点や融点は$F_2 > Cl_2 > Br_2 > I_2$の順に高くなっている。
② F_2，Cl_2，Br_2は気体で，I_2が固体である。
③ どれも無色で有害である。
④ 2価の陰イオンになりやすい。
⑤ フッ素は，ハロゲンの中で最も還元されやすい。
⑥ $2HBr + I_2 \longrightarrow 2HI + Br_2$という反応が進む。

① 沸点や融点は$I_2 > Br_2 > Cl_2 > F_2$の順に高くなっています。なぜなら，この順で分子量が大きくなり，ファンデルワールス力が大きくなるからです（なので，常温においてF_2，Cl_2は気体(沸点が低い)，Br_2は液体，I_2は固体(沸点が高い）となっているのですね)。一方，酸化力は$F_2 > Cl_2 > Br_2 > I_2$の順に強くなっています（F_2がお宝を奪う力がいちばん強く，I_2がいちばん弱かったですね)。

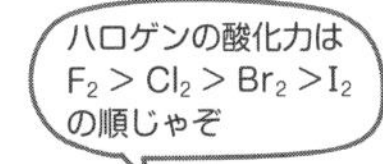

② F_2，Cl_2は気体，Br_2は液体，I_2は固体です。
③ どれも有色で有害です。
④ 1価の陰イオンになりやすいのです。
⑤ ハロゲンの中で，フッ素F_2が最も酸化力が強い。つまり，最も還元されやすいということです。
⑥ 臭素Br_2とヨウ素I_2は，Br_2のほうが酸化力が強い（つまり，Br^-のままでいたがる)。よって反応は進みません。

よって，正解は⑤ 答

確認問題 8　3-6 に対応

塩素の製法に関する，以下の問いに答えよ。

装置

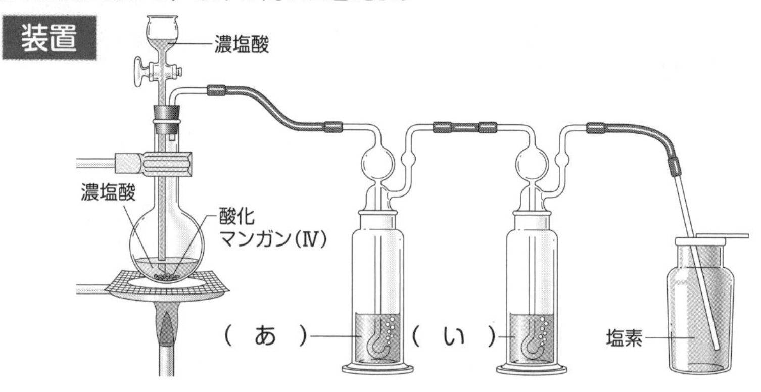

(1) 上図の(あ)，(い)の液体はそれぞれ何か答えよ。
(2) (あ)，(い)の役割をそれぞれ答えよ。
(3) 塩素の発生に関する化学反応式を書け。

解説

(1) **(あ)水，(い)濃硫酸** 答

(2) (あ)の役割……**塩化水素を取り除く**

(い)の役割……**気体を乾燥させる** 答

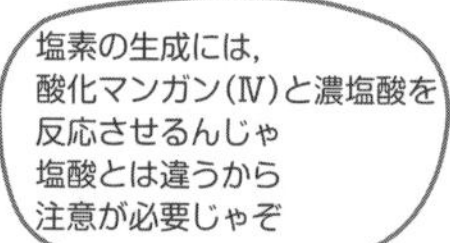

逆にしてしまうと，出てくる気体に水が混じってしまうので，注意が必要です。

(3) 丸暗記をしてもいいですが，半反応式から作ると

$2Cl^- \longrightarrow Cl_2 + 2e^-$

$MnO_2 + 4H^+ + 2e^- \longrightarrow Mn^{2+} + 2H_2O$

$(\Rightarrow MnO_2 + 4H^+ + 2Cl^- \longrightarrow Mn^{2+} + 2H_2O + Cl_2)$

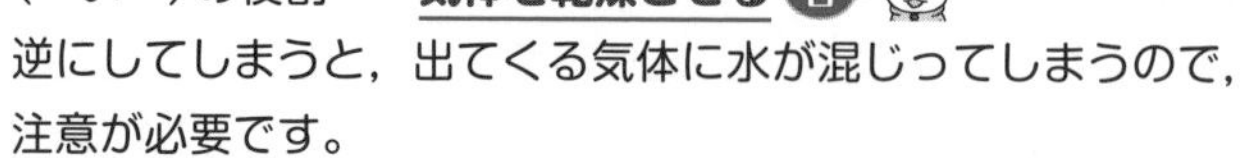

よって　**$MnO_2 + 4HCl \longrightarrow MnCl_2 + 2H_2O + Cl_2$** 答

確認問題 9　3-4，3-5，3-7，3-8 に対応

フッ素，塩素，臭素，ヨウ素それぞれにあてはまるものを，＜Ⅰ群＞，＜Ⅱ群＞から選べ。

＜Ⅰ群＞　色
　黒紫色，赤褐色，黄緑色，淡黄色

＜Ⅱ群＞　常温での状態
　気体，液体，固体

キャラクターと一緒に覚えましょう。ハロゲンは怪盗でしたね。

フッ素は
Ⅰ群……淡黄色
Ⅱ群……気体

塩素は
Ⅰ群……黄緑色
Ⅱ群……気体

臭素は
Ⅰ群……赤褐色
Ⅱ群……液体

ヨウ素は
Ⅰ群……黒紫色
Ⅱ群……固体

確認問題 10　3-4，3-5，3-7，3-8 に対応

フッ素，塩素，臭素，ヨウ素の単体の特徴に関する次の①～⑥の記述のうち，誤っているものを2つ選べ。

① フッ素は水と激しく反応し，酸素を発生する。
② 臭素は昇華性がある。
③ ヨウ素はヨウ化カリウム水溶液に溶ける。
④ 塩素はヨウ化カリウムデンプン紙を青く変色させる。
⑤ 臭素には刺激臭があるが，塩素には刺激臭がない。
⑥ 塩素は光を当てると水素と爆発的に反応する。

② 昇華性があるのはヨウ素です。臭素は常温で液体でした。
⑤ 塩素にも刺激臭があります。
よって，正解は②，⑤ 答

確認問題 11　3-9，3-10，3-11 に対応

ハロゲン化水素に関する次の問い (1) ～ (3) に答えよ。

(1) ハロゲン化水素に関する次の①～④の記述のうち，正しいものを選べ。
① どれも有色である。
② どれも刺激臭を持つ気体である。
③ 水に溶けにくい。
④ 酸の強さはHF，HCl，HBr，HIの順である。

(2) HF，HCl，HBr，HIのうち，次の①～③にあてはまるものをそれぞれ選べ。①については，そのときの化学反応式も答えよ。
① アンモニアに触れると白煙を生じる。
② 弱酸性を示す。
③ ガラスを侵す。

(3) HF，HCl，HBr，HIを，沸点の高い順に並べよ。また，その順になる理由を述べよ。

(1) ① ハロゲンは単体ではすべて有色ですが，水素化物 (ハロゲン化水素) の場合はどれも無色です。③ どれも水に溶けやすく，酸性を示します。④ 酸の強さはHI，HBr，HCl，HFの順です。よって，正解は② 答

(2) どれもキャラクターと一緒に覚えてくださいね。

① **HCl （化学反応式：HCl＋NH_3 ⟶ NH_4Cl）**

② **HF**，③ **HF** 答

(3) HFが水素結合を形成することで，分子どうしをバラバラにするために余計にエネルギーがかかるため，HFの沸点は他に比べてはるかに高くなります。

HFの水素結合は頻出！

HF，HI，HBr，HCl 答

理由：**HCl，HBr，HIの順に分子量が大きくなっていくため，HCl，HBr，HIの順に沸点が高くなっていくが，HFは水素結合を形成するため，これらに比べてはるかに沸点が高くなる。** 

16族元素（酸素・硫黄）

確認問題 12　4-1，4-2，4-3 に対応

次の文中の（　あ　）～（　き　）に入る語句を答えよ。また，波線①，②の反応式を答えよ。

酸素O_2は，常温で（　あ　）色の気体である。実験室では，酸化マンガン(Ⅳ)を触媒として（　い　）を分解することによって生成される①。酸素元素は，地表付近や大気圏内に最も多く存在する元素である。つまり，（　う　）数が最も大きい。
オゾンは，酸素と互いに（　え　）体の関係にあり，特有のにおいを持つ，（　お　）色の気体である。酸素に紫外線を当てて生成する②。オゾンには（　か　）作用があり，漂白・殺菌したり，（　き　）紙を青変させる。

どれも本冊の文中に出てきた内容です。忘れていたら該当ページに戻ってチェックしましょう。

(あ)無，(い)過酸化水素水，(う)クラーク，(え)同素，(お)淡青，(か)酸化，(き)ヨウ化カリウムデンプン 答

波線①：$2H_2O_2 \longrightarrow 2H_2O + O_2$

波線②：$3O_2 \longrightarrow 2O_3$ 答

確認問題 13 4-4，4-5，4-6 に対応

硫黄に関する次の問い(1)～(5)に答えよ。

(1) 次の文中の(あ)，(い)に入る適切な語句を答えよ。[う]には適切な化学反応式を入れよ。

硫黄の単体には，斜方硫黄，単斜硫黄，ゴム状硫黄があり，互いに(あ)体である。空気中で点火すると(い)になったり，金属と反応して硫化物になる。例えば，鉄Feとの反応は [う] となる。

(2) 硫化水素 H_2S に関する次の文のうち，誤っているものを2つ選べ。

① 腐卵臭がある。
② 水に溶けて強酸性を示す。
③ 赤褐色の気体である。
④ 湿った酢酸鉛紙を近づけると，紙を黒変させる。
⑤ 強い還元性がある。

(3) 硫化水素 H_2S の実験室での製法を，化学反応式で答えよ。

(4) 次の硫化物の沈殿の色を答えよ。

① ZnS ② CdS ③ MnS ④ SnS

(5) 次のイオンのうち，S^{2-}と① 中性または塩基性でのみ沈殿するイオン ② どんな液性でも沈殿するイオン をそれぞれ1つずつ選べ。

(ア) Na^{+} (イ) Mg^{2+} (ウ) Cu^{2+} (エ) Ca^{2+} (オ) Zn^{2+} (カ) K^{+}

(1) 本冊の文中で解説しています。

（ あ ）同素，（ い ）二酸化硫黄(SO_2)，
［ う ］$Fe + S \longrightarrow FeS$ 答

(2) ② 弱酸性を示します。③ 無色の気体です。よって，正解は**②，③** 答

(3) **$FeS + 2HCl \longrightarrow FeCl_2 + H_2S$** 答

(4) **① 白色，② 黄色，③ 淡赤色，④ 褐色** 答

(5) イオン化傾向の大きいイオン（Na^+，Mg^{2+}，Ca^{2+}，K^+）は硫化水素とは沈殿を生じません。逆に，イオン化傾向の小さいCu^{2+}は，どんな液性でも沈殿します。中間に位置するZn^{2+}は，酸性では沈殿しませんが，中性または塩基性では沈殿します。よって，正解は**①（オ），②（ウ）** 答

確認問題 14 4-7 に対応

二酸化硫黄に関する次の①～④の記述のうち，正しいものを1つ選べ。

① 赤褐色で刺激臭の気体である。
② 硫化水素H_2Sとの反応において，還元剤としてはたらく。
③ 水に溶けて硫酸となる。
④ 銅に濃硫酸を加えて加熱することで得られる。

解説

① 無色で刺激臭のある気体です。
② 二酸化硫黄は一般的には還元剤として用いられますが，硫化水素との反応においては酸化剤としてはたらきます。

<還元剤としての二酸化硫黄の酸化数の変化>

$$\underline{\underline{S}}O_2 \longrightarrow H_2\underline{\underline{S}}O_4$$

（酸化数：＋4） （酸化数：＋6）

<酸化剤としての二酸化硫黄の酸化数の変化>

$$\underline{\underline{S}}O_2 \longrightarrow \underline{\underline{S}}$$

（酸化数：＋4）（酸化数：0）

③ 水に溶けてできるのは亜硫酸です。よって，正解は④ 答

確認問題 15 4-8，4-9，4-10に対応

硫酸に関する次の問い(1)～(3)に答えよ。

(1) 濃硫酸に関する次の文中の(　あ　)～(　き　)に，適切な語句を入れよ。
二酸化硫黄SO_2を，(　あ　)を触媒として酸化させると(　い　)になる。(　い　)を濃硫酸に吸収させて(　う　)とし，希硫酸で薄めることで濃硫酸になる。このような生成法を(　え　)法という。
また，濃硫酸は(　お　)性の酸であり，塩化ナトリウムと反応させると(　か　)性の酸である(　き　)が生成する。

(2) 次の①～⑥の記述を，濃硫酸に関するものと希硫酸に関するものに分けよ。
① 不揮発性の酸である。
② 粘性があり，密度が大きい。
③ 強い酸性(強酸性)を示す。
④ 脱水作用がある。
⑤ 吸湿性がある。
⑥ 熱すると強い酸化作用を示す。

(3) 次の(ⅰ)～(ⅳ)は，(2)の①～⑥のどの具体例であるか答えよ。
(ⅰ) 水蒸気を含む塩素を通じると，水分が除かれる。
(ⅱ) スクロース(砂糖)に加えると，炭化して黒くなる。
(ⅲ) Znに加えると反応し，気体を発生する。
(ⅳ) Cuに加えて加熱すると反応し，気体を発生する。

(1) 接触法の一連の流れは頭に入れましょう。
(　あ　)酸化バナジウム(V)，(　い　)三酸化硫黄(SO_3)，(　う　)発煙硫酸，(　え　)接触，(　お　)不揮発，(　か　)揮発，(　き　)塩化水素(HCl) 答

(2) 濃硫酸と希硫酸の違いも，キャラクターと一緒に頭に入れましょう。

濃硫酸：①，②，④，⑤，⑥
希硫酸：③ 答

(3)　(ⅰ)は吸湿性を示しているので⑤，(ⅱ)は脱水作用を示しているので④，(ⅲ)は強酸性に関する記述なので③(ちなみに，発生する気体はH_2)，(ⅳ)は酸化作用を示しているので⑥(ちなみに，発生する気体はSO_2)
よって，**(ⅰ)⑤，(ⅱ)④，(ⅲ)③，(ⅳ)⑥** 答

15族元素(窒素・リン)

確認問題 16　5-1，5-2，5-3 に対応

次の問い(1)～(3)に答えよ。

(1)　次の文中の(　あ　)～(　か　)に入る適切な語句を答えよ。
窒素N_2は(　あ　)を熱分解することで生成される，無色，(　い　)臭の気体である。大気中の約78%を占め，(　う　)の約21%よりもはるかに多い。また，非常に安定した気体である。
アンモニアNH_3は無色，(　え　)臭の気体である。水によく溶けて(　お　)性を示し，(　か　)に触れると白煙を生じる。

(2)　(1)の文中の下線部について，その要因となっている結合の名前を答えよ。

(3)　次ページの図は，アンモニアNH_3の製法を図化したものである。この図について，以下の問い①，②に答えよ。
①　このアンモニアの生成法に関する化学反応式を書け。
②　図中の注意点(　　ア　　)～(　　ウ　　)を答えよ。

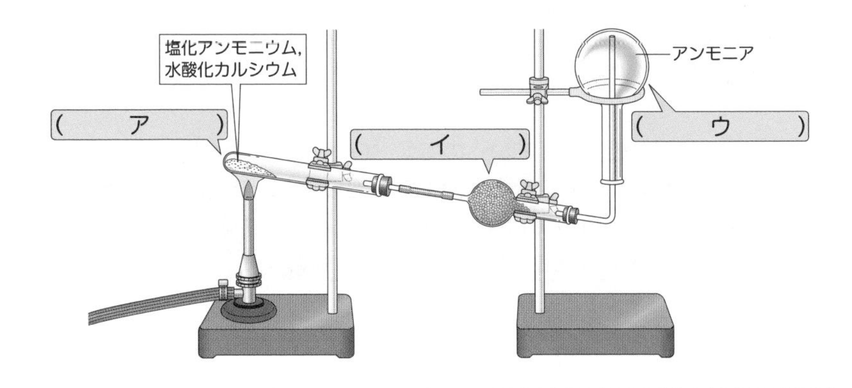

(1) これらの性質は暗記しましょうね。

(あ)亜硝酸アンモニウム(NH_4NO_2),(い)無,(う)酸素,(え)刺激,(お)弱塩基,(か)塩化水素(HCl) 答

窒素は田舎生まれの少年のイメージですよ

(2) 3つの共有結合によって,結合を切るには大きなエネルギーが必要なのです。**三重結合** 答

(3) ②の注意点はよく出題されるので,3つとも覚えましょう。アンモニアは塩基性なので,(イ)には塩基性の乾燥剤であるソーダ石灰を使います。

① $2NH_4Cl + Ca(OH)_2 \longrightarrow CaCl_2 + 2H_2O + 2NH_3$

② **(ア)試験管の底部をやや高くする,(イ)ソーダ石灰を用いて気体を乾燥させる,(ウ)上方置換により捕集する** 答

確認問題 17 5-4,5-5 に対応

次の文中の(あ)~(え)に適切な語句を入れよ。また,下の問いに答えよ。

一酸化窒素NOは,(あ)色の気体である。水に溶け(い)く,空気中で酸化され,二酸化窒素になる。
二酸化窒素NO_2は,(う)色,刺激臭の気体である。また,水に溶けると(え)性を示す。

問い：次の反応①，②によって得られるのは，それぞれ一酸化窒素，二酸化窒素のどちらか答えよ。

① 銅に濃硝酸を加える。

② 銅に希硝酸を加える。

解説

一酸化窒素と二酸化窒素の色やにおい，生成法をしっかり区別しましょう。
また，生成法については化学反応式も覚えましょう。

① $Cu + 4HNO_3 \longrightarrow Cu(NO_3)_2 + 2H_2O + 2NO_2$

② $3Cu + 8HNO_3 \longrightarrow 3Cu(NO_3)_2 + 4H_2O + 2NO$

（ あ ）無，（ い ）にく，（ う ）赤褐，（ え ）強酸 答

問い：**① 二酸化窒素，② 一酸化窒素** 答

確認問題 18　5-6，5-7 に対応

硝酸に関する次の問い(1)，(2)に答えよ。

(1) オストワルト法は，次の(ｉ)～(iii)の3つの段階を経て，硝酸を生成する方法である。この3つの式を1つにまとめよ。

(ｉ) $4NH_3 + 5O_2 \longrightarrow 4NO + 6H_2O$

(ii) $2NO + O_2 \longrightarrow 2NO_2$

(iii) $3NO_2 + H_2O \longrightarrow 2HNO_3 + NO$

(2) 次の①～④のうち，正しいものを1つ選べ。

① 希硝酸はCuやAgを溶かし，水素を発生させる。

② 濃硝酸はCuやAgを溶かし，一酸化窒素を発生させる。

③ 濃硝酸はAlを溶かす。

④ 希硝酸はAlを溶かす。

(1) NOとNO$_2$を消して，1つにまとめるのでしたね。くわしい手順はp.122に書いてあります。

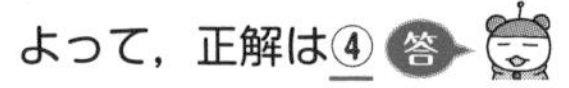
$NH_3 + 2O_2 \longrightarrow HNO_3 + H_2O$ 答

(2) ① 希硝酸は酸化作用があるので，CuやAgを溶かしますが，発生するのは一酸化窒素です。
② 濃硝酸はCuやAgを溶かしますが，発生するのは二酸化窒素です。
③ 濃硝酸を用いると，Alは不動態となって反応は進みません。

よって，正解は④ 答

確認問題 19　5-8 に対応

リンに関する次の問い(1)，(2)に答えよ。

(1) 次の①～③は，黄リン，赤リンのどちらについての記述か答えよ。
① 猛毒
② ほぼ無毒
③ 自然発火するので，水中で保存する。

(2) 次の①～⑤の記述のうち，正しいものを1つ選べ。
① 黄リンと赤リンは互いに同位体である。
② 黄リンは空気中で燃焼させると十酸化四リンになるが，赤リンはならない。
③ 十酸化四リンはアンモニアの乾燥に用いられる。
④ 黄リンはリンの単体である。
⑤ リン酸H_3PO_4は強酸性を示す。

(1) 黄リン，赤リンの性質の違いは，キャラクターと一緒に覚え，区別しましょう。黄リンがオオカミで猛毒・自然発火，赤リンが人間でほぼ無毒でしたね。よって，**① 黄リン，② 赤リン，③ 黄リン** 答

黄リン

赤リン

(2) ① 黄リンと赤リンは互いに同素体です。
② 両方とも，燃焼させると十酸化四リンになります。
③ 十酸化四リンは酸性の乾燥剤であり，塩基性のアンモニアとは反応してしまうため，乾燥剤としては不適です。
⑤ リン酸は強酸ではありません。
よって，正解は④ 答

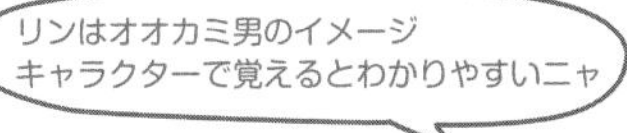

14族元素（炭素・ケイ素）

確認問題 20　6-1，6-2，6-3 に対応

次の①～④の記述のうち，正しいものを1つ選べ。

① フラーレンは電気を通す。
② ダイヤモンドは，炭素原子がそれぞれ3つの電子を出し合い，共有結合を作っている。
③ 黒鉛は電気を通す。
④ 黒鉛は平面網目構造をとり，水素結合によって積み重なってできている。

① フラーレンは電気を通しません。
② ダイヤモンドは，炭素原子がそれぞれ4つの電子を出し合って結晶を作っています。
④ 分子間力によって積み重なっています。
よって，正解は③ 答

確認問題 21　6-4，6-5 に対応

次の文中の（　あ　）～（　か　）に適する語句を入れよ。また，下の問いに答えよ。

一酸化炭素は（　あ　）色，（　い　）臭の気体で，有害である。（　う　）性があり，金属酸化物を（　う　）する①。一酸化炭素は，実験室では（　え　）と濃硫酸を加熱することで生成される②。水に溶け（　お　）ので，（　か　）置換で捕集する。

問い：文中の下線部①，②について，それぞれ化学反応式を答えよ。
（①については，一酸化炭素と酸化鉄（Ⅲ）Fe_2O_3との化学反応式を書け）

一酸化炭素に関しては，生成法と還元性に関する問題がよく出題されます。
生成法に関しては，濃硫酸は脱水剤としてしか使用されないため，化学反応式には出てきません。

（　あ　）無，（　い　）無，（　う　）還元，（　え　）ギ酸，（　お　）にくい，（　か　）水上 答

問い：① **$Fe_2O_3 + 3CO \longrightarrow 2Fe + 3CO_2$**
② **$HCOOH \longrightarrow H_2O + CO$** 答

確認問題 22 6-6に対応

二酸化炭素に関する次の①～⑤の記述のうち，正しいものを2つ選べ。

① 無色・刺激臭の気体。

② 水に溶けやすく，空気よりも軽いため，上方置換で捕集する。

③ 水に溶けて弱酸性を示す。

④ 石灰水に通すと白濁するが，それ以上加えると白濁が消える。

⑤ 冷却して凝華するとドライアイスになるが，これは分子どうしが共有結合によって結びついたものである。

解説

① 無色・無臭の気体です。炭酸水を飲んだとき，刺激臭などはしないですよね？

② 水には少し溶け，空気よりも重いので，下方置換で捕集します。

⑤ ドライアイスは，分子どうしが分子間力によって結びついています。

よって，正解は③，④ 答

確認問題 23 6-7，6-8，6-9に対応

ケイ素に関する次の①～⑤の記述のうち，正しいものを2つ選べ。

① ケイ素の単体は，黒鉛に似た構造をしている。

② 二酸化ケイ素は，フッ化水素酸HFに溶ける。

③ 二酸化ケイ素は，塩酸と反応してケイ酸ナトリウムを生成する。

④ ケイ酸ナトリウムに塩酸を加えると，シリカゲルのもととなるケイ酸になる。

⑤ シリカゲルに水を加えると，水ガラスになる。

解説

① ケイ素の単体は，ダイヤモンドに似た構造をしています。

③　二酸化ケイ素は，水酸化ナトリウムと反応してケイ酸ナトリウムを生成します。
⑤　ケイ酸ナトリウムに水を加えると，水ガラスになります。

よって，正解は②，④ 答

気体の性質

確認問題 24　7-1に対応

以下の気体の生成に関する文中の（　あ　）～（　す　）に，適切な語句を入れよ。また，そのときの化学反応式を答えよ。

①　水素：亜鉛に，希塩酸または（　あ　）を反応させる。
②　塩素：濃塩酸に（　い　）などの酸化剤を作用させる。
③　塩化水素：（　う　）に濃硫酸を加えて加熱する。
④　酸素：（　え　）を，酸化マンガン（Ⅳ）を触媒として分解する。
⑤　オゾン：（　お　）に紫外線を当てる。
⑥　硫化水素：（　か　）に希塩酸を加える。
⑦　二酸化硫黄：銅に（　き　）を加えて加熱する。
⑧　窒素：（　く　）を熱分解する。
⑨　アンモニア：塩化アンモニウムに（　け　）を加えて加熱する。
⑩　一酸化窒素：銅に（　こ　）を加える。
⑪　二酸化窒素：銅に（　さ　）を加える。
⑫　一酸化炭素：（　し　）と濃硫酸を加熱する。
⑬　二酸化炭素：（　す　）に希塩酸を加える。

解説

各気体の生成法と化学反応式は，すべて覚えましょう。

（　あ　）希硫酸，（　い　）酸化マンガン（Ⅳ），（　う　）塩化ナトリウム，
（　え　）過酸化水素水，（　お　）酸素，（　か　）硫化鉄（Ⅱ），（　き　）濃硫酸，

（　く　）亜硝酸アンモニウム，（　け　）水酸化カルシウム，（　こ　）希硝酸，
（　さ　）濃硝酸，（　し　）ギ酸，（　す　）石灰石（炭酸カルシウム） 答  

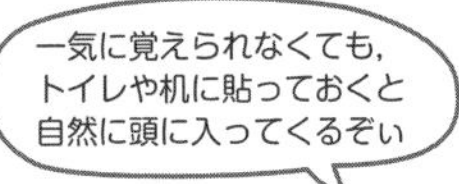

① $Zn + H_2SO_4 \longrightarrow ZnSO_4 + H_2$
② $MnO_2 + 4HCl \longrightarrow MnCl_2 + 2H_2O + Cl_2$
③ $NaCl + H_2SO_4 \longrightarrow NaHSO_4 + HCl$
④ $2H_2O_2 \longrightarrow 2H_2O + O_2$
⑤ $3O_2 \longrightarrow 2O_3$
⑥ $FeS + 2HCl \longrightarrow FeCl_2 + H_2S$
⑦ $Cu + 2H_2SO_4 \longrightarrow CuSO_4 + 2H_2O + SO_2$
⑧ $NH_4NO_2 \longrightarrow 2H_2O + N_2$
⑨ $2NH_4Cl + Ca(OH)_2 \longrightarrow CaCl_2 + 2H_2O + 2NH_3$
⑩ $3Cu + 8HNO_3 \longrightarrow 3Cu(NO_3)_2 + 4H_2O + 2NO$
⑪ $Cu + 4HNO_3 \longrightarrow Cu(NO_3)_2 + 2H_2O + 2NO_2$
⑫ $HCOOH \longrightarrow H_2O + CO$
⑬ $CaCO_3 + 2HCl \longrightarrow CaCl_2 + H_2O + CO_2$ 答

確認問題 25　7-2 に対応

次の①～⑧のうち，誤っているものを2つ選べ。

① 二酸化硫黄は無色である。
② 塩化水素は水に溶けやすい。
③ 一酸化窒素は空気に触れると赤褐色になる。
④ アンモニアに二酸化窒素を近づけると白煙が生じる。
⑤ オゾンは無臭である。
⑥ 二酸化硫黄には還元性がある。
⑦ 硫化水素には強い還元性がある。
⑧ 二酸化窒素は水に溶けると酸性を示す。

④ アンモニアに塩化水素を近づけると白煙が生じます。
⑤ オゾンは特異臭がします。その他は正しい記述です。
よって，正解は④，⑤ 答

確認問題 26　7-3，7-4 に対応

次の実験(1)～(4)に適する装置を，下のA～Dからそれぞれ選べ。

(1) 亜硝酸アンモニウム水溶液から窒素を発生させる。
(2) 塩化ナトリウムと濃硫酸から塩化水素を発生させる。
(3) 炭酸水素ナトリウムから二酸化炭素を発生させる。
(4) 塩化アンモニウムと水酸化カルシウムからアンモニアを発生させる。

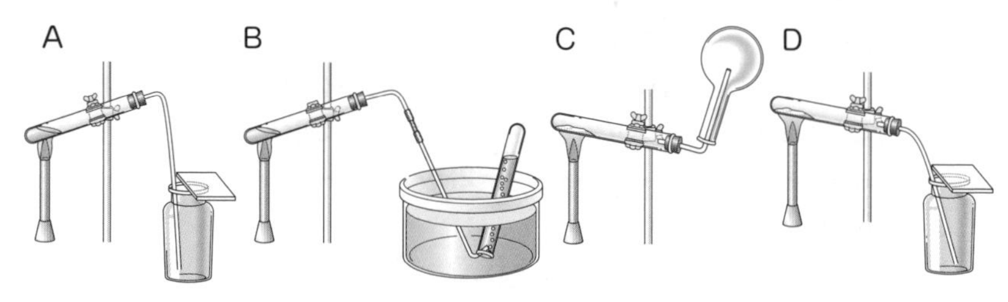

A～Dを見ると，AとDは下方置換，Bは水上置換，Cは上方置換です。
まず，上方置換だったら基本的にアンモニアだと思っていいです。よって，(4)－Cとなります。
続いて，窒素は水に溶けにくいので，(1)－Bとなります。
残りのA，Dで違う点は，Aは液体を加熱しており，Dは固体を加熱していること。よって，液体を使っている(2)－A，使っていない(3)－Dとなります。

(1)－B，(2)－A，(3)－D，(4)－C 答

確認問題 27　7-5 に対応

次の気体と乾燥剤の組合せのうち，組合せてはいけない組を1つ選べ。

気体	乾燥剤
塩化水素	濃硫酸
アンモニア	塩化カルシウム
二酸化炭素	十酸化四リン
窒素	シリカゲル

硫化水素 H_2S と濃硫酸 H_2SO_4 の組合せもだめニャ

基本的に，酸性の気体と塩基性の乾燥剤，塩基性の気体と酸性の乾燥剤は，反応してしまうため組合せてはいけません。それだけでなく，アンモニア（塩基性）は塩化カルシウム（中性）とも反応してしまうため，この組合せは不適切です。

よって，正解は**アンモニアー塩化カルシウムの組** 答 

確認問題 28 7-6 に対応

気体に関する次の問い(1)～(4)に答えよ。

(1) 次の気体のうち，水に溶けにくいものを1つ選べ。
アンモニア，二酸化窒素，硫化水素，一酸化炭素，二酸化炭素，二酸化硫黄

(2) 次の気体のうち，においのしないものを1つ選べ。
一酸化炭素，二酸化窒素，二酸化硫黄，硫化水素，塩素，オゾン

(3) 次の気体のうち，色のついていないものを1つ選べ。
二酸化窒素，塩素，硫化水素，オゾン，フッ素

(4) 次の①～④の記述のうち，誤っているものを1つ選べ。
① 塩素とオゾンはヨウ化カリウムデンプン紙を青変させる。
② 二酸化硫黄は，酢酸鉛紙を黒変させる。
③ 塩素と水素を混ぜ合わせて光を当てると，爆発的に反応する。
④ 一酸化窒素が空気に触れると二酸化窒素になる。

(1) 水に溶けにくいのは
一酸化炭素 答

(2) 無臭なのは**一酸化炭素** 答

(3) 二酸化窒素NO_2，塩素Cl_2，オゾンO_3，フッ素F_2は有色です。無色なのは**硫化水素** 答

(4) 酢酸鉛紙を黒変させるのは，硫化水素です。
よって，正解は②答

水に溶ける気体の覚えかたは，
『ふっくらりゅうにいさんが溺れて
「アーン」「エンエン」泣く』
だったね！

Chapter 8 アルカリ金属

確認問題 29 8-1，8-2 に対応

次の文中の（　あ　）～（　お　）に入る適切な語句を答えよ。また，下の問いに答えよ。

ナトリウムの単体は，（　あ　）によって生成される。こうして作られたナトリウムの単体は，イオン化傾向が大きくて反応性が高いため，<u>（　い　）中に保存しないといけない。</u>
ナトリウムの化合物である水酸化ナトリウムは，（　う　）水溶液の電気分解によって生成される。空気中に放置すると，表面がぬれるという（　え　）性という性質がある。また，水に溶かすと強い（　お　）性を示す。

問い：文中の下線部について。もし空気中に放置した場合，どのような現象が起きるか答えよ。

ナトリウムの単体と，水酸化ナトリウムの性質についての問題です。
（　あ　）溶融塩電解（融解塩電解），（　い　）石油，（　う　）塩化ナトリウム，

（　え　）潮解，（　お　）塩基 答

問い：**空気に触れると，酸素によって酸化されたり水と反応してしまう。** 答

確認問題 30　8-3，8-4 に対応

炭酸ナトリウムの工業的製法に関する次の問い (1) ～ (4) に答えよ。

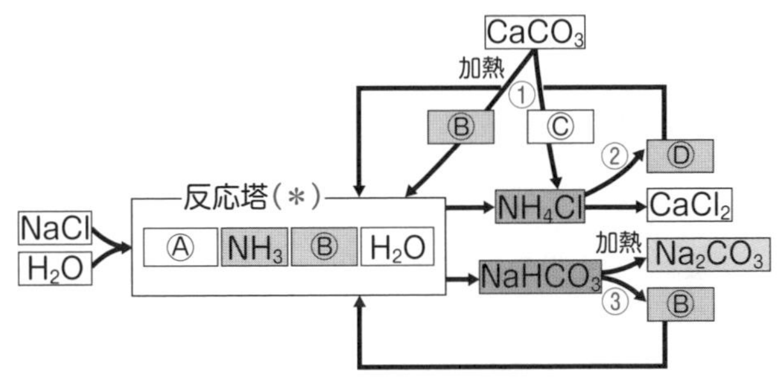

(1)　図のような，炭酸ナトリウムの工業的製法をなんというか答えよ。

(2)　図のⒶ～Ⓓにあてはまる物質の化学式を記せ。

(3)　図の①～③の変化を化学反応式で答えよ。

(4)　炭酸ナトリウムに関する次の文中の（　あ　）～（　う　）に適切な語句を入れよ。

炭酸ナトリウムは（　あ　）色の粉末で，水に溶けると（　い　）性を示す。十水和物 $Na_2CO_3 \cdot 10H_2O$ は，空気中に放置すると一水和物となる。この現象を（　う　）という。

(1)　**アンモニアソーダ法（ソルベー法）** 答

(2)　Ⓑは，$NaHCO_3$ や $CaCO_3$ からの生成物で，再利用されているので，CO_2 です。

Ⓒは，$CaCO_3$ からの生成物で，NH_4Cl との反応に使われているので CaO です。

ⒹはNH₄Clから生成される，CaCl₂以外の物質なので，NH_3と決まります。
反応塔で使われる残りの物質はNaClなので，ⒶはNaClです。

Ⓐ：NaCl，Ⓑ：CO_2，
Ⓒ：CaO，Ⓓ：NH_3 答

(3) **① $CaCO_3 \longrightarrow CaO + CO_2$**
② $2NH_4Cl + CaO \longrightarrow CaCl_2 + H_2O + 2NH_3$
③ $2NaHCO_3 \longrightarrow Na_2CO_3 + H_2O + CO_2$ 答

(4) **(あ)白，(い)塩基，(う)風解** 答

確認問題 31 8-5 に対応

炭酸水素ナトリウムに関する次の①～④の記述のうち，誤っているものを1つ選べ。

① 炭酸水素ナトリウムを加熱すると，二酸化炭素を発生する。
② 酸と反応して二酸化炭素を発生する。
③ 水に溶かすと弱酸性を示す。
④ ベーキングパウダーや胃薬に用いられている。

解説

炭酸水素ナトリウムは，水酸化ナトリウム(強塩基)と炭酸(弱酸)との塩なので，水に溶かすと弱塩基性を示します。

よって，正解は③ 答

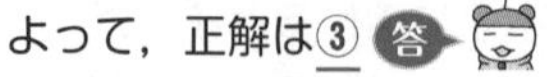
「強塩基」＋「弱酸」⟶「弱塩基性の塩」＋「水」

$NaOH + H_2CO_3 \longrightarrow NaHCO_3 + H_2O$

確認問題 32 8-6 に対応

次の文中の(あ)～(え)に適切な語句を入れよ。また，下の問いに答えよ。

リチウム，カリウムの単体は，（　あ　）で生成される。イオン化傾向が（　い　）いために反応性が高く，（　う　）中に保存する必要がある。また，水と反応して（　え　）性を示す。

問い：文中の下線部について。カリウムと水との化学反応式を答えよ。

解説

リチウムもカリウムも，ナトリウムと同じくアルカリ金属なので，性質がとても似ています。

（　あ　）溶融塩電解（融解塩電解），（　い　）大き，（　う　）石油，
（　え　）塩基 答

問い：**$2K + 2H_2O \longrightarrow 2KOH + H_2$** 答

確認問題 33 8-7 に対応

元素とその炎色反応の組合せのうち，誤っているものを1つ選べ。

①K：紫，②Ca：橙，③Cu：緑，④Sr：紅，⑤Li：黄

解説

Li：赤なので，正解は⑤ 答

Chapter 9 アルカリ土類金属

確認問題 34 9-1に対応

2族元素に関する次の①～④の記述のうち，誤っているものを1つ選べ。

① 2族元素は2価の陽イオンになりやすい。
② 自然界には単体として存在する。
③ 銀白色の光沢を持つ。
④ 溶融塩電解によって単体を生成する。

② イオン化傾向が大きいため，自然界には化合物としてしか存在しません。
よって，正解は②（答）

確認問題 35　9-2 に対応

2族元素に関する次の①～④の記述のうち，正しいものを1つ選べ。

① アルカリ土類金属元素は，CO_3^{2-}，SO_4^{2-}などと，水に不溶な塩を作る。
② Be，Mgの単体は，常温の水と反応する。
③ Ca，Sr，Ba，Raの水酸化物は，水に溶けない。
④ Ca，Sr，Ba，Raは炎色反応を示す。

① 2族元素（アルカリ土類金属）の炭酸塩はすべて水に溶けません。Ca，Sr，Ba，Raの硫酸塩は水に溶けませんが，Be，Mgの硫酸塩は水に溶けます。
② Be，Mgの単体は，常温の水とは反応しません。アルカリ土類金属元素の単体は，常温の水と反応します。
③ Ca，Sr，Ba，Raの水酸化物は，水に溶けます。一方，Be，Mgの水酸化物は水に溶けません。

よって，正解は④（答）

確認問題 36 9-3，9-4，9-5，9-6 に対応

次の反応の化学反応式を答えよ。また，下の問いに答えよ。

① 炭酸カルシウムに塩酸を加える。
② 炭酸カルシウムを加熱する。
③ 酸化カルシウムに水を加える。
④ 水酸化カルシウムに二酸化炭素を吹き込む。
⑤ ④の状態に，さらに二酸化炭素を吹き込む。

問い：次の（ⅰ）～（ⅴ）の記述のうち，誤っているものを1つ選べ。
（ⅰ）炭酸カルシウムは，大理石の主成分である。
（ⅱ）酸化カルシウムには潮解性がある。
（ⅲ）硫酸カルシウム二水和物はセッコウと呼ばれる。
（ⅳ）酸化カルシウムは生石灰とも呼ばれる。
（ⅴ）硫酸バリウムは水に溶けにくい。

① $CaCO_3 + 2HCl \longrightarrow CaCl_2 + H_2O + CO_2$
② $CaCO_3 \longrightarrow CaO + CO_2$
③ $CaO + H_2O \longrightarrow Ca(OH)_2$
④ $Ca(OH)_2 + CO_2 \longrightarrow CaCO_3 + H_2O$
⑤ $CaCO_3 + CO_2 + H_2O \longrightarrow Ca(HCO_3)_2$ 答

問い：（ⅱ）潮解性があるのは塩化カルシウムです。よって，正解は（ⅱ）答 

確認問題 37 9-7 に対応

次の①～④の記述のうち，正しいものを1つ選べ。

① Ca，Sr，Ba，Raの硫酸塩は水に溶ける。

② Be，Mgの水酸化物は，水に溶ける。

③ Be，Mgの単体は，常温の水と反応しない。

④ Be，Mgは炎色反応を示す。

キャラクターを思い出して！
Be，Mg の硫酸塩は水に溶けるけど，
水酸化物や単体は，修行して
溶けなくなったんだよね

① 例えば，$BaSO_4$（X線検査の造影剤）はアルカリ土類金属元素の硫酸塩ですが，水に溶けません。胃の中で溶けたら大変なことになりますよね。

② Be，Mgの水酸化物は水に溶けません。

④ Be，Mgは，Ca，Sr，Ba，Raと違い，炎色反応は示しません。

よって，正解は③ 答

両性元素

確認問題 38 10-1，10-2，10-3 に対応

両性元素に関する次の問い(1)，(2)に答えよ。

(1) 次の文中の（ あ ），（ い ）に適切な語句を入れよ。
両性元素である亜鉛，アルミニウム，スズ，（ あ ）の単体，酸化物，水酸化物は基本的に，酸と塩基に溶ける。ただし，アルミニウムは濃硝酸や熱濃硫酸には溶けない。このような状態を（ い ）という。

(2) 次の反応の化学反応式を答えよ。（⑤，⑥はイオンを含む化学反応式でよい）

① アルミニウムの単体に塩酸を加える。

② 亜鉛の単体に塩酸を加える。

③ 酸化アルミニウムに塩酸を加える。

④ 水酸化亜鉛に塩酸を加える。

⑤ アルミニウムイオンを含む水溶液に，少量のアンモニア水を加える。

⑥ スズ（Ⅱ）イオンを含む水溶液に，少量の水酸化ナトリウム水溶液

を加える。

(1) 両性元素の単体，酸化物，水酸化物は基本的に酸，塩基のいずれにも溶けますが，唯一，アルミニウムの単体が濃硝酸や熱濃硫酸には不動態となって溶けません。

（　あ　）鉛，（　い　）不動態 答

(2) アルミニウムは Al^{3+} で安定，その他の両性元素は M^{2+} の状態で安定であることを頭に入れておきましょう。

① $2Al + 6HCl \longrightarrow 2AlCl_3 + 3H_2$

② $Zn + 2HCl \longrightarrow ZnCl_2 + H_2$

③ $Al_2O_3 + 6HCl \longrightarrow 2AlCl_3 + 3H_2O$

④ $Zn(OH)_2 + 2HCl \longrightarrow ZnCl_2 + 2H_2O$

⑤ $Al^{3+} + 3OH^- \longrightarrow Al(OH)_3$

⑥ $Sn^{2+} + 2OH^- \longrightarrow Sn(OH)_2$ 答

確認問題 39　10-4，10-5，10-6 に対応

次の問い (1)，(2) に答えよ。

(1) 次の①～④の記述のうち，誤っているものを1つ選べ。

① アルミニウムの単体に水酸化ナトリウム水溶液を少量加えると沈殿が生じ，過剰に加えると沈殿が溶ける。

② アルミニウムの単体にアンモニア水を少量加えると沈殿が生じ，過剰に加えると沈殿が溶ける。

③ 亜鉛の単体に水酸化ナトリウム水溶液を少量加えると沈殿が生じ，過剰に加えると沈殿が溶ける。

④ 亜鉛の単体にアンモニア水を少量加えると沈殿が生じ，過剰に加えると沈殿が溶ける。

(2) 次の反応の化学反応式を書け。

(ｉ) 鉛の単体に，過剰量の水酸化ナトリウム水溶液を加えて溶かす。

(ii) 酸化鉛(Ⅱ)に，過剰量の水酸化ナトリウム水溶液を加えて溶かす。

(iii)　水酸化鉛(Ⅱ)に，過剰量の水酸化ナトリウム水溶液を加えて溶かす。

解説

「アンモニア水を過剰量加える」というワードが出てきたら，「両性元素の中では，亜鉛の沈殿だけが溶ける」と思えばいいんだニャ

(1)　両性元素の単体に，水酸化ナトリウム水溶液またはアンモニア水を少量加えると必ず沈殿を生じます。さらに，水酸化ナトリウム水溶液を過剰に加えると，必ず沈殿が消えます。アンモニア水を過剰に加えたときは，亜鉛だけ沈殿が消えます。よって，アルミニウムに過剰量のアンモニア水を加えても，沈殿は溶けません。よって，正解は②　答 

(2)　(i)　**$Pb + 2NaOH + 2H_2O \longrightarrow Na_2[Pb(OH)_4] + H_2$**

(ii)　**$PbO + 2NaOH + H_2O \longrightarrow Na_2[Pb(OH)_4]$**

(iii)　**$Pb(OH)_2 + 2NaOH \longrightarrow Na_2[Pb(OH)_4]$**　答

確認問題 40　10-7，10-8，10-9 に対応

次の①～⑧の記述のうち，誤っているものを2つ選べ。

①　ミョウバンは複塩である。
②　硫化亜鉛ZnSは黒色をしている。
③　硫化カドミウムCdSは黄色をしている。
④　塩化鉛(Ⅱ)$PbCl_2$は白色をしている。
⑤　硫化鉛(Ⅱ)PbSは黒色をしている。
⑥　クロム酸鉛(Ⅱ)$PbCrO_4$は黄色をしている。
⑦　水銀Hgは金属で唯一，常温で液体である。
⑧　塩化スズ(Ⅱ)$SnCl_2$には酸化性がある。

解説

②　多くの硫化物は黒色ですが，ZnSは白色です。
⑧　$SnCl_2$には還元性があります。
(半反応式：$Sn^{2+} \longrightarrow Sn^{4+} + 2e^-$)

よって，正解は②，⑧　答

遷移元素

確認問題 41 11-1，11-2，11-3 に対応

次の問い(1)～(3)に答えよ。

(1) 遷移元素に関する次の①～④の記述のうち，正しいものを1つ選べ。
① 遷移元素は3～13族の元素のことである。
② 遷移元素はどれも金属元素である。
③ 遷移元素の単体はどれも無色である。
④ 遷移元素は，元素に特有の酸化数を1つずつ持っている。

(2) 錯イオンについて，次の文中の（ あ ）～（ け ）に適切な語句を入れよ。

錯イオンとは，金属イオンに，（ あ ）電子対を持つ分子や陰イオンが結合してできたイオンのことである。この結合を（ い ）結合といい，結合する分子や陰イオンを配位子という。
金属イオンによって，結合する配位子の数とその配置は決まっている。例えば，Zn^{2+}は（ う ）つの配位子と結合し，正四面体状の構造をとる。Ag^{+}は（ え ）つの配位子と結合して（ お ）状の構造，Fe^{2+}は（ か ）つの配位子と結合して（ き ）状の構造, Cu^{2+}は（ く ）つの配位子と結合して（ け ）状の構造となる。

(3) 次の金属イオンと配位子によって作られる錯イオンの化学式と名称を答えよ。
① Zn^{2+}，OH^{-}
② Cu^{2+}，H_2O
③ Ag^{+}，NH_3
④ Fe^{2+}，CN^{-}

(1) ① 遷移元素は3～12族の元素です。② 遷移元素は遷移金属とも呼ばれ，

すべて金属元素になっています。③ 遷移元素の単体は有色のものが多いです。④ 遷移元素には多様な酸化数があります。よって，正解は②　答

(2) **(あ)非共有，(い)配位，(う)4，**
(え)2，(お)直線，(か)6，
(き)正八面体，(く)4，(け)正方形　答

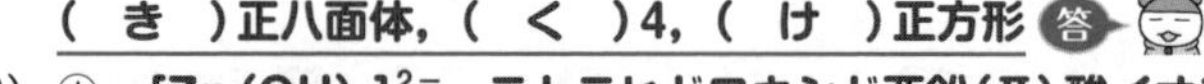

(3) ① **$[Zn(OH)_4]^{2-}$，テトラヒドロキシド亜鉛(Ⅱ)酸イオン**

② **$[Cu(H_2O)_4]^{2+}$，テトラアクア銅(Ⅱ)イオン**

③ **$[Ag(NH_3)_2]^{+}$，ジアンミン銀(Ⅰ)イオン**

④ **$[Fe(CN)_6]^{4-}$，ヘキサシアニド鉄(Ⅱ)酸イオン**　答

確認問題 42　11-4，11-5，11-6 に対応

次の①～⑥の記述のうち，誤っているものを2つ選べ。

① 鉄は自然界で酸化物として産出され，それを還元することで単体を得ている。

② 鉄はイオン化傾向が水素 H_2 よりも大きいため，希硫酸と反応して水素 H_2 を発生する。

③ $FeSO_4 \cdot 7H_2O$ の結晶は淡緑色である。

④ $FeCl_3 \cdot 6H_2O$ には潮解性がある。

⑤ 鉄は，希硝酸には不動態となり溶けない。

⑥ Fe^{2+}，Fe^{3+} を含む酸性水溶液に，硫化水素 H_2S を入れると，黒色沈殿 FeS が生成する。

⑤ 鉄が不動態となるのは，濃硝酸または熱濃硫酸です。

⑥ Fe^{2+}，Fe^{3+} は，塩基性または中性の水溶液でないと，硫化物の沈殿は生じません。

よって，正解は⑤，⑥　答

確認問題 43 11-7，11-8 に対応

鉄に関する次の問い(1)～(3)に答えよ。

(1) 次の文中の(　あ　)～(　う　)に入る適切な語句を答えよ。
両性元素のイオンは，少量のアンモニア水や水酸化ナトリウム水溶液を加えると沈殿を生じ，過剰量の水酸化ナトリウム水溶液を加えると沈殿が溶ける。しかし，過剰量のアンモニア水を加えると，(　あ　)の沈殿だけが溶ける。
鉄のイオンであるFe^{2+}，Fe^{3+}に関していうと，どちらも少量のアンモニア水や水酸化ナトリウム水溶液を加えると沈殿を生じる。沈殿の色は，Fe^{2+}のほうは(　い　)色，Fe^{3+}のほうは(　う　)色である。

(2) (1)の文中の下線部について，ここに，(ⅰ)過剰量のアンモニア水，(ⅱ)過剰量の水酸化ナトリウム水溶液を加えたとき，それぞれ沈殿はどうなるか答えよ。

(3) 次の①～④の記述のうち，正しいものを2つ選べ。
① Fe^{3+}に，チオシアン酸カリウムKSCN水溶液を加えると，血赤色の溶液を生じる。
② Fe^{3+}に，$K_3[Fe(CN)_6]$ を加えると，濃青色の沈殿が生じる。
③ Fe^{2+}に，チオシアン酸カリウムKSCN水溶液を加えると，血赤色の沈殿を生じる。
④ Fe^{2+}に，$K_3[Fe(CN)_6]$ を加えると，濃青色の沈殿が生じる。

解説

(1) **(　あ　)亜鉛イオン，(　い　)緑白，(　う　)赤褐** 答

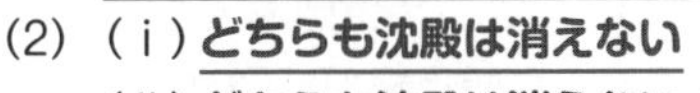

(2) (ⅰ) **どちらも沈殿は消えない**

(ⅱ) **どちらも沈殿は消えない** 答

(3) ② Fe^{3+}とFe^{3+}の錯イオン ($K_3[Fe(CN)_6]$) との反応では，褐色の溶液になります。Fe^{3+}とFe^{2+}の錯イオン ($K_4[Fe(CN)_6]$) との反応なら濃青色の沈殿となるのでした。
③ 何も起きません。よって，正解は①，④ 答

ちなみに，Fe^{2+}とFe^{2+}の錯イオン($K_4[Fe(CN)_6]$)との反応では，白～青白色の沈殿が生成されます。

確認問題 44 11-9，11-10 に対応

銅に関する次の問い(1)～(3)に答えよ。

(1) 次の文中の（　あ　）～（　く　）に入る適切な語句を答えよ。

銅の単体は（　あ　）色をしている金属で，熱伝導性と（　い　）伝導性が銀についで大きい。湿った空気によって，青緑色のさび（これを（　う　）という）を生成する。

銅は水素H_2よりもイオン化傾向が小さいが，<u>酸化作用のある酸とは反応する</u>。

硫酸銅(Ⅱ)は，無水物は白色であるが，水和水を得ると（　え　）色になる。

銅の酸化物は，酸化銅(Ⅱ)と酸化銅(Ⅰ)があり，それぞれ化学式は（　お　），（　か　）である。また，色はそれぞれ（　き　）色，（　く　）色である。

(2) (1)の文中の下線部について，

(ⅰ) 銅と希硝酸

(ⅱ) 銅と濃硝酸

(ⅲ) 銅と熱濃硫酸

の反応を，化学反応式で書け。

(3) Cu^{2+}を含む水溶液に関する①～⑥の記述のうち，誤っているものを1つ選べ。

① Cu^{2+}を含む水溶液は，青色を示す。

② 硫化水素を通じると，硫化銅(Ⅱ)CuSの黒色沈殿を生じる。

③ 少量のアンモニア水を加えると，水酸化銅(Ⅱ)$Cu(OH)_2$の青白色沈殿を生じる。

④ 少量のアンモニア水を加えたあと，過剰量のアンモニア水を加えると，沈殿は溶けて深青色の溶液になる。

⑤ 少量の水酸化ナトリウム水溶液を加えたあと，過剰量の水酸化ナトリウム水溶液を加えると，沈殿は溶けて深青色の溶液になる。

⑥ 水酸化銅(Ⅱ)$Cu(OH)_2$を加熱すると，酸化銅(Ⅱ)CuOを生じる。

(1) **(　あ　)赤銅，(　い　)電気，(　う　)緑青，(　え　)青，(　お　)CuO，(　か　)Cu_2O，(　き　)黒，(　く　)赤** 答

(2) (ⅰ) $3Cu + 8HNO_3 \longrightarrow 3Cu(NO_3)_2 + 4H_2O + 2NO$

(ⅱ) $Cu + 4HNO_3 \longrightarrow Cu(NO_3)_2 + 2H_2O + 2NO_2$

(ⅲ) $Cu + 2H_2SO_4 \longrightarrow CuSO_4 + 2H_2O + SO_2$ 答

(3) ⑤少量のOH^-を加えると沈殿($Cu(OH)_2$)を生じるが，水酸化ナトリウム水溶液を過剰量加えても沈殿は消えない。よって，正解は⑤ 答

確認問題 45　11-11，11-12，11-13 に対応

銀に関する次の問い(1)～(3)に答えよ。

(1) 次の文中の(　あ　)～(　か　)に入る適切な語句または化学式を答えよ。

銀は自然界では，酸化銀として存在する。化学式は(　あ　)である。単体の銀は，酸化銀を加熱することで生成することができ，熱伝導性，電気伝導性が最も高い金属である。

銀は水素H_2よりもイオン化傾向が小さいが，酸化作用のある酸とは反応する。

銀イオンは，ハロゲン化物イオンと反応してハロゲン化銀となる。塩化銀AgClは(　い　)色，臭化銀AgBrは(　う　)色，ヨウ化銀AgIは(　え　)色であり，このうち(　お　)は写真の感光剤として用いられる。また，銀イオンは硫化水素H_2Sと反応して(　か　)色の硫化銀Ag_2Sとなる。

(2) (1)の文中の下線部について，

(ⅰ) 銀と希硝酸

(ii) 銀と濃硝酸

(iii) 銀と熱濃硫酸

の反応を，化学反応式で書け。

(3) Ag^+を含む水溶液に次の操作をしたときのイオンを含む反応式を答えよ。

① 少量のアンモニア水を加える。

② 少量の水酸化ナトリウム水溶液を加える。

③ 過剰量のアンモニア水を加える。

④ 過剰量の水酸化ナトリウム水溶液を加える。

(1) ハロゲン化銀の色は覚えましょう。だんだん黄ばんでいくのでしたね。

(あ)Ag_2O，(い)白，(う)淡黄，(え)黄，

(お)臭化銀($AgBr$)，(か)黒 答

(2) 銅と同じく，この3つの酸との反応はスラスラ書けるようにしましょう。

(i) $3Ag + 4HNO_3 \longrightarrow 3AgNO_3 + 2H_2O + NO$

(ii) $Ag + 2HNO_3 \longrightarrow AgNO_3 + H_2O + NO_2$

(iii) $2Ag + 2H_2SO_4 \longrightarrow Ag_2SO_4 + 2H_2O + SO_2$ 答

(3) ④については，沈殿は消えずそのまま酸化物として残るということです。

① $2Ag^+ + 2OH^- \longrightarrow Ag_2O + H_2O$

② $2Ag^+ + 2OH^- \longrightarrow Ag_2O + H_2O$

③ $Ag_2O + 4NH_3 + H_2O \longrightarrow 2[Ag(NH_3)_2]^+ + 2OH^-$

④ $2Ag^+ + 2OH^- \longrightarrow Ag_2O + H_2O$ 答

確認問題 46 11-14，11-15，11-16 に対応

次の問い(1)，(2)に答えよ。

(1) 次の文中の(あ)～(し)に入る適切な語句を答えよ。

クロム酸カリウムK_2CrO_4は(あ)色の結晶で，この水溶液を(い)性にすると，(う)色の二クロム酸カリウム$K_2Cr_2O_7$に

なる。一方，二クロム酸カリウムの水溶液を（　え　）性にすると，再びクロム酸カリウムに戻る。また，Cr^{3+}は（　お　）色である。
過マンガン酸イオンMnO_4^-は，水に溶かすと（　か　）色である。（　き　）性下では（　く　）色のMn^{2+}に，中性や（　け　）性下では（　こ　）色のMnO_2に変化する。どちらの変化においても，マンガンの酸化数は（　さ　）しているので，（　し　）剤である。

(2) 次の反応を化学反応式で書け。
① 酸化マンガン(Ⅳ)は，塩素を発生させるときの，酸化剤として使われる。
② 酸化マンガン(Ⅳ)は，過酸化水素水から酸素を発生させる反応の，触媒として使われる。

解説

(1) 酸性，塩基性下での化合物とその色は重要なので覚えましょう。

クロムは信号機，
マンガンはカメのイメージだったね！

（　あ　）黄，（　い　）酸，（　う　）赤橙，（　え　）塩基，（　お　）緑，（　か　）赤紫，（　き　）酸，（　く　）淡赤，（　け　）塩基，（　こ　）黒，（　さ　）減少，（　し　）酸化 答

(2) すでに出てきた反応式ですが，復習ですね。
① $MnO_2 + 4HCl \longrightarrow MnCl_2 + 2H_2O + Cl_2$
② $2H_2O_2 \longrightarrow 2H_2O + O_2$ 答

Chapter 12 金属イオンの分離

確認問題 47　12-1, 12-2, 12-3, 12-4, 12-5, 12-6, 12-7 に対応

次の問い(1)，(2)に答えよ。

(1) 次の①～⑥にあてはまるイオンを，下の(ア)～(ケ)から1つずつ選べ。

① 塩酸を加えると白色の沈殿を生じる。それに熱湯をかけると溶けた。
② 塩酸を加えると白色の沈殿を生じる。そこに，大量のアンモニア水を加えると溶けた。
③ アンモニア水を多量に加えると，一度生じた青白色の沈殿が溶けた。
④ 水酸化ナトリウム水溶液を多量に加えると，一度生じた白色の沈殿が溶けた。アンモニア水でも同様の変化が見られた。
⑤ チオシアン酸カリウム水溶液を加えると，血赤色の水溶液になった。
⑥ ヘキサシアニド鉄(Ⅲ)酸カリウム水溶液を加えると，濃青色の沈殿を生じた。

(ア) Ca^{2+}　(イ) Fe^{2+}　(ウ) Fe^{3+}　(エ) Zn^{2+}　(オ) Pb^{2+}
(カ) Cu^{2+}　(キ) Al^{3+}　(ク) Ba^{2+}　(ケ) Ag^{+}

(2) Ag^{+}，Cu^{2+}，Ca^{2+}，Zn^{2+}，Fe^{3+}を含む水溶液がある。これらのイオンを，下の図に示した操作で分離する。

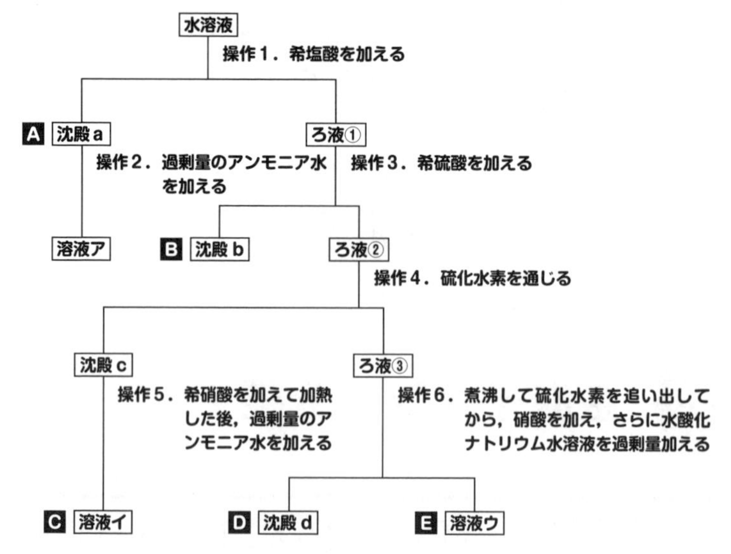

(i) 沈殿a～dに入る化学式を書け。
(ii) 溶液ア，イに入るイオン式を書け。
(iii) もし，もとの水溶液にNa^{+}，Pb^{2+}，Al^{3+}が含まれていたら，それぞれどの沈殿または溶液に含まれていたか，上図のA～Eの中から1つずつ選べ。

(1) **①(オ), ②(ケ), ③(カ), ④(エ), ⑤(ウ), ⑥(イ)** 答

(2) (ⅰ) a：塩化水素と反応する（つまりCl^-と沈殿を作る）のはAg^+のみです。よって，**AgCl** 答

b：希硫酸と反応する（つまりSO_4^{2-}と沈殿を作る）のはCa^{2+}のみです。よって，**$CaSO_4$** 答

c：酸性水溶液中で，硫化水素と反応する（つまりS^{2-}と沈殿を作る）のは，Cu^{2+}のみです。よって，**CuS** 答

d：残りはZn^{2+}，Fe^{3+}ですが，水酸化ナトリウム水溶液を過剰に加えても沈殿のままであるのは$Fe(OH)_3$です。よって，**$Fe(OH)_3$** 答

(ⅱ) **ア：$[Ag(NH_3)_2]^+$，イ：$[Cu(NH_3)_4]^{2+}$** 答

(ⅲ) Na^+：最後まで沈殿は作りません。金属イオンの分離の際には，基本的には最後まで反応せずに水溶液中に残り，炎色反応などで存在していることを確かめるので，溶液ウに含まれます。よって，**E** 答

Pb^{2+}：塩酸と反応するので，沈殿aに含まれていたことになります。よって，**A** 答

Al^{3+}：アルミニウムは，操作6において過剰量の水酸化ナトリウム水溶液によって溶けるので，溶液ウまで残ります。よって，**E** 答

The Most Intelligible Guide
of Chemistry in the Universe:
Inorganic Chemistry
for High School Students